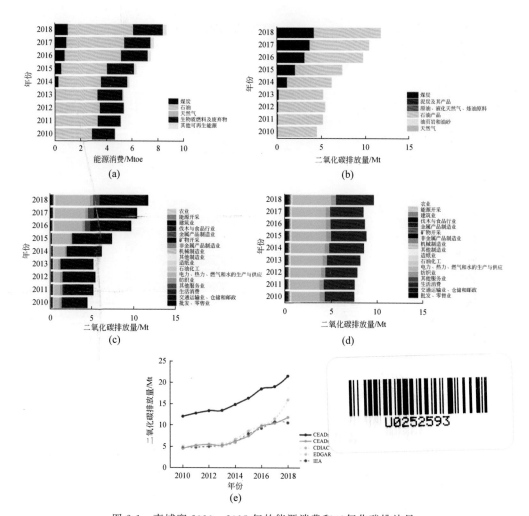

图 2-1　柬埔寨 2010—2018 年的能源消费和二氧化碳排放量

（a）一次能源消费结构；（b）化石能源碳排放量；（c）分行业化石能源消费碳排放量；

（d）生物质碳排放量；（e）与国际数据库对比

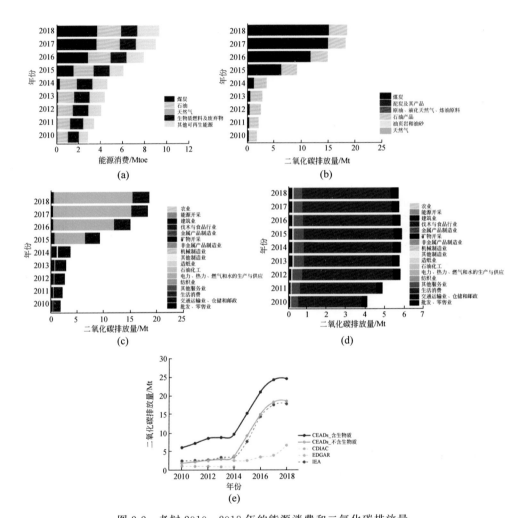

图 2-2　老挝 2010—2018 年的能源消费和二氧化碳排放量

（a）一次能源消费结构；（b）化石能源碳排放量；（c）分行业化石能源消费碳排放量；

（d）生物质碳排放量；（e）与国际数据库对比

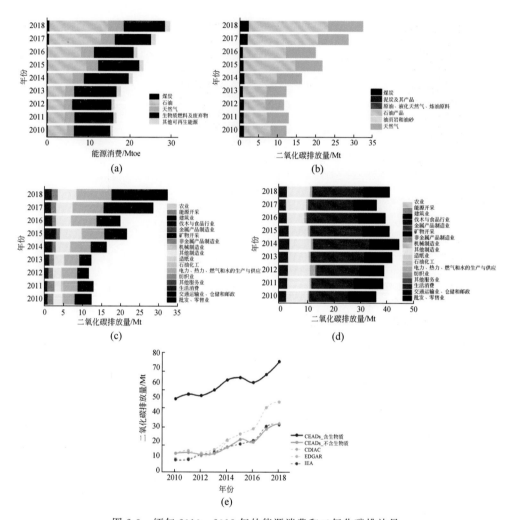

图 2-3 缅甸 2010—2018 年的能源消费和二氧化碳排放量

(a) 一次能源消费结构；(b) 化石能源碳排放量；(c) 分行业化石能源消费碳排放量；

(d) 生物质碳排放量；(e) 与国际数据库对比

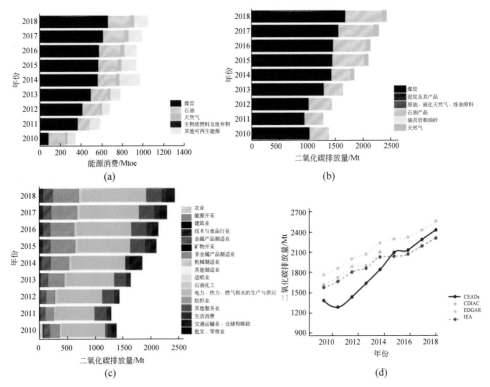

图 2-4   印度 2010—2018 年的能源消费和二氧化碳排放量

（a）一次能源消费结构；（b）化石能源碳排放量；（c）分行业化石能源消费碳排放量；

（d）与国际数据库对比

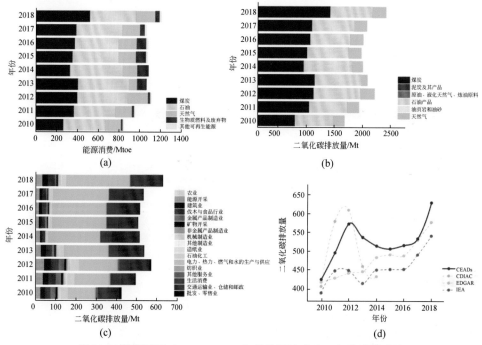

图 2-5　印度尼西亚 2010—2018 年的能源消费和二氧化碳排放量

（a）一次能源消费结构；（b）化石能源碳排放量；（c）分行业化石能源消费碳排放量；
（d）与国际数据库对比

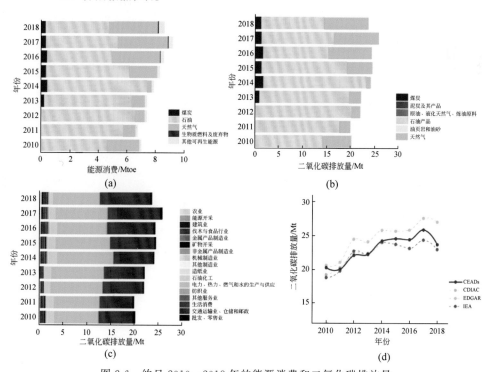

图 2-6　约旦 2010—2018 年的能源消费和二氧化碳排放量

（a）一次能源消费结构；（b）化石能源碳排放量；（c）分行业化石能源消费碳排放量；（d）与国际数据库对比

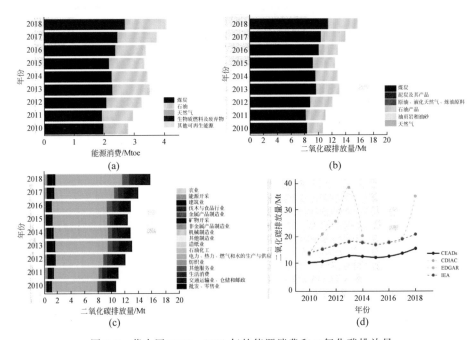

图 2-7　蒙古国 2010—2018 年的能源消费和二氧化碳排放量

（a）一次能源消费结构；（b）化石能源碳排放量；（c）分行业化石能源消费碳排放量；

（d）与国际数据库对比

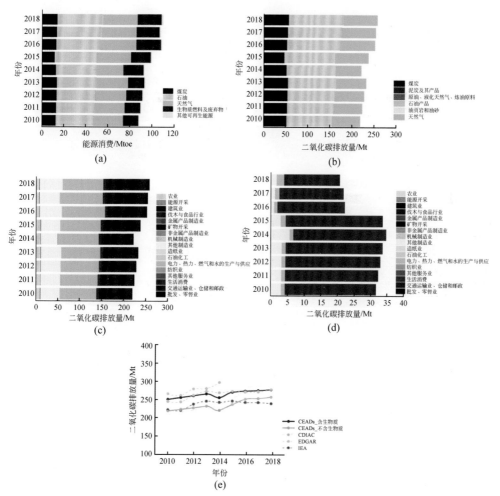

图 2-8　泰国 2010—2018 年的能源消费和二氧化碳排放量

（a）一次能源消费结构；（b）化石能源碳排放量；（c）分行业化石能源消费碳排放量；

（d）生物质碳排放量；（e）与国际数据库对比

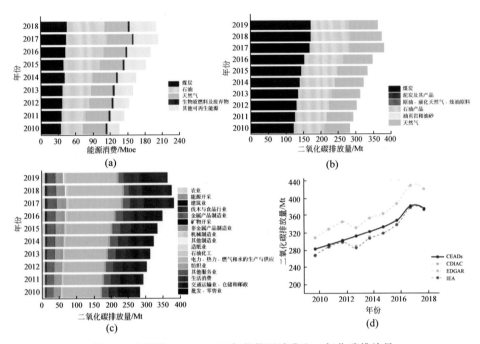

图 2-9　土耳其 2010—2018 年的能源消费和二氧化碳排放量

（a）一次能源消费结构；（b）化石能源碳排放量；（c）分行业化石能源消费碳排放量；

（d）与国际数据库对比

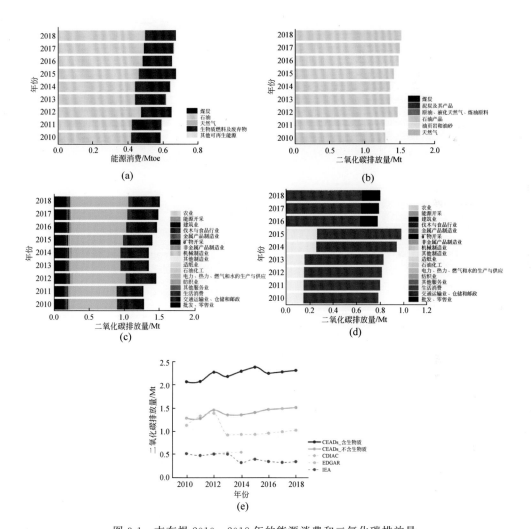

图 3-1　吉布提 2010—2018 年的能源消费和二氧化碳排放量

（a）一次能源消费结构；（b）化石能源碳排放量；（c）分行业化石能源消费碳排放量；

（d）生物质碳排放量；（e）与国际数据库对比

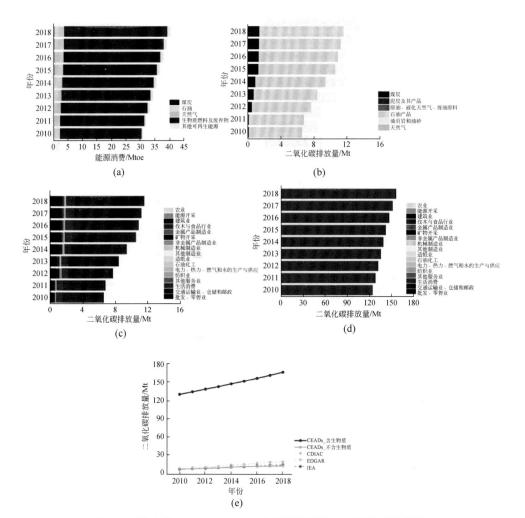

图 3-2　埃塞俄比亚 2010—2018 年的能源消费和二氧化碳排放量

（a）一次能源消费结构；（b）化石能源碳排放量；（c）分行业化石能源消费碳排放量；

（d）生物质碳排放量；（e）与国际数据库对比

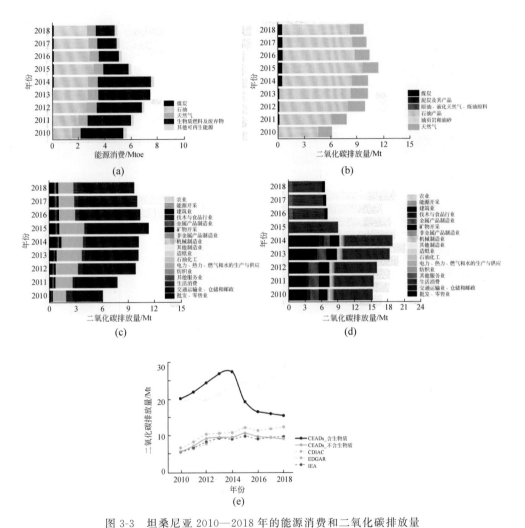

图 3-3　坦桑尼亚 2010—2018 年的能源消费和二氧化碳排放量

（a）一次能源消费结构；（b）化石能源碳排放量；（c）分行业化石能源消费碳排放量；

（d）生物质碳排放量；（e）与国际数据库对比

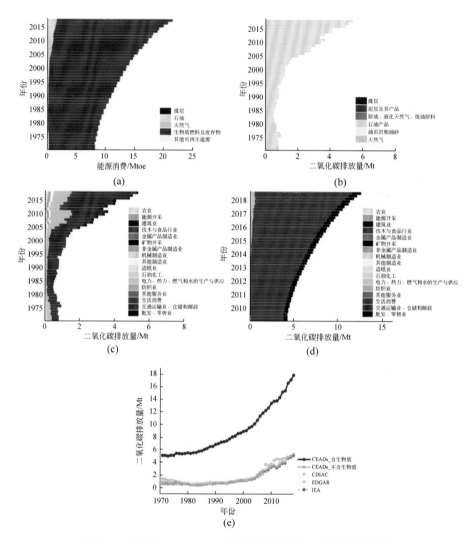

图 3-4　乌干达 1971—2018 年的能源消费和二氧化碳排放量

（a）一次能源消费结构；（b）化石能源碳排放量；（c）分行业化石能源消费碳排放量；

（d）生物质碳排放量；（e）与国际数据库对比

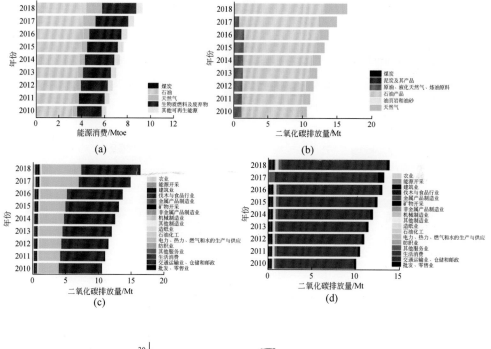

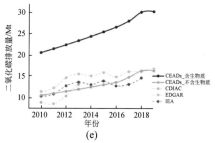

图 3-5　加纳 2010—2018 年的能源消费和二氧化碳排放量

（a）一次能源消费结构；（b）化石能源碳排放量；（c）分行业化石能源消费碳排放量；

（d）生物质碳排放量；（e）与国际数据库对比

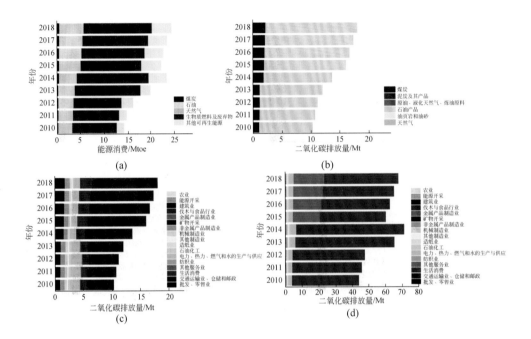

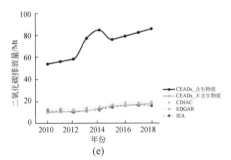

图 3-6 肯尼亚 2010—2018 年的能源消费和二氧化碳排放量

（a）一次能源消费结构；（b）化石能源碳排放量；（c）分行业化石能源消费碳排放量；

（d）生物质碳排放量；（e）与国际数据库对比

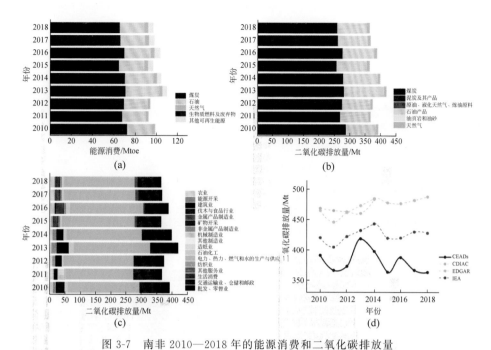

图 3-7   南非 2010—2018 年的能源消费和二氧化碳排放量

（a）一次能源消费结构；（b）化石能源碳排放量；（c）分行业化石能源消费碳排放量；（d）与国际数据库对比

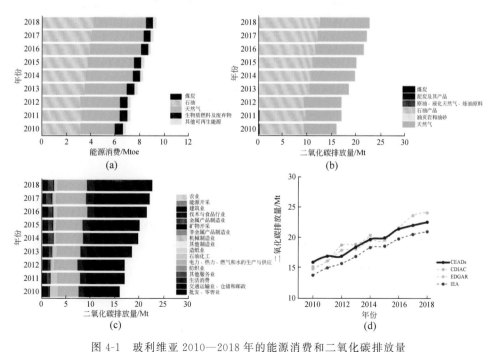

图 4-1   玻利维亚 2010—2018 年的能源消费和二氧化碳排放量

（a）一次能源消费结构；（b）化石能源碳排放量；（c）分行业化石能源消费碳排放量；（d）与国际数据库对比

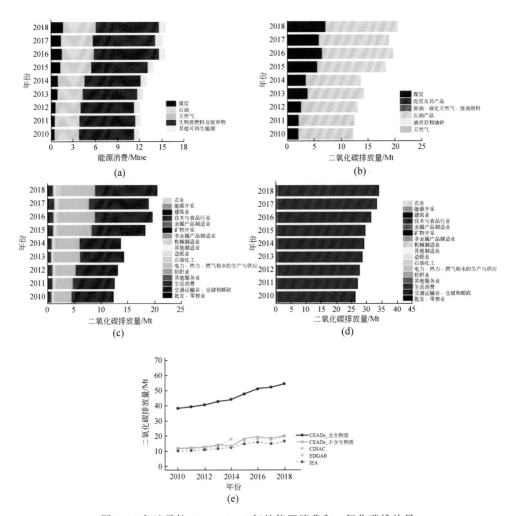

图 4-2 危地马拉 2010—2018 年的能源消费和二氧化碳排放量

（a）一次能源消费结构；（b）化石能源碳排放量；（c）分行业化石能源消费碳排放量；

（d）生物质碳排放量；（e）与国际数据库对比

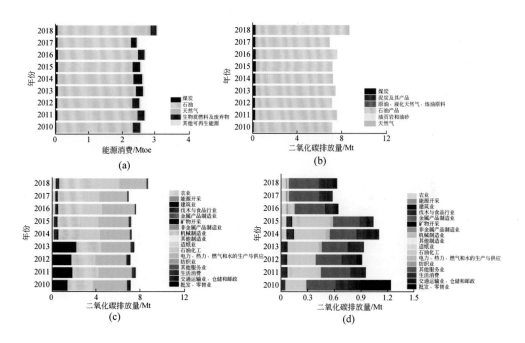

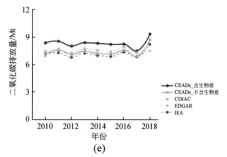

图 4-3 牙买加 2010—2018 年的能源消费和二氧化碳排放量

（a）一次能源消费结构；（b）化石能源碳排放量；（c）分行业化石能源消费碳排放量；

（d）生物质碳排放量；（e）与国际数据库对比

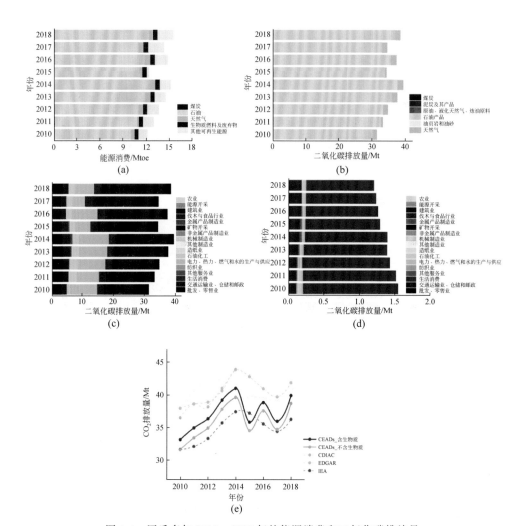

图 4-4　厄瓜多尔 2010—2018 年的能源消费和二氧化碳排放量

（a）一次能源消费结构；（b）化石能源碳排放量；（c）分行业化石能源消费碳排放量；

（d）生物质碳排放量；（e）与国际数据库对比

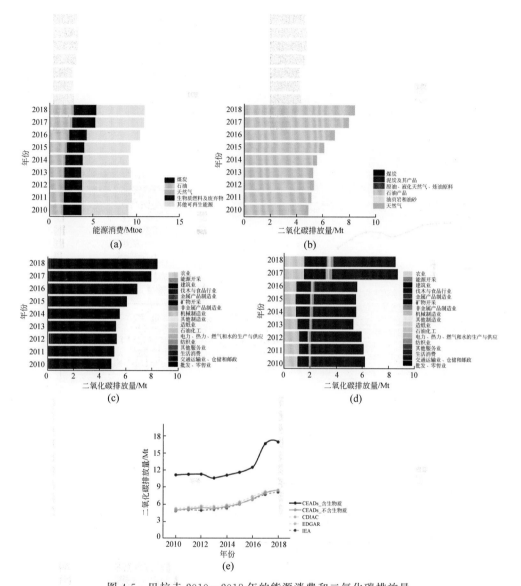

图 4-5 巴拉圭 2010—2018 年的能源消费和二氧化碳排放量

（a）一次能源消费结构；（b）化石能源碳排放量；（c）分行业化石能源消费碳排放量；

（d）生物质碳排放量；（e）与国际数据库对比

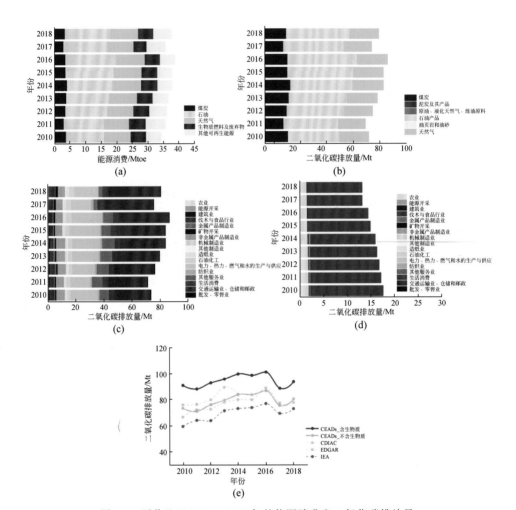

图 4-6　哥伦比亚 2010—2018 年的能源消费和二氧化碳排放量

（a）一次能源消费结构；（b）化石能源碳排放量；（c）分行业化石能源消费碳排放量；

（d）生物质碳排放量；（e）与国际数据库对比

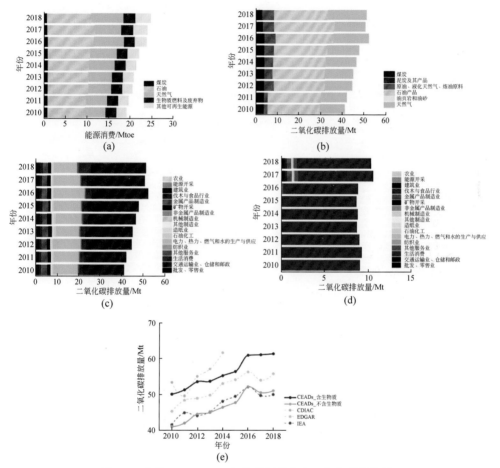

图 4-7　秘鲁 2010—2018 年的能源消费和二氧化碳排放量

（a）一次能源消费结构；（b）化石能源碳排放量；（c）分行业化石能源消费碳排放量；

（d）生物质碳排放量；（e）与国际数据库对比

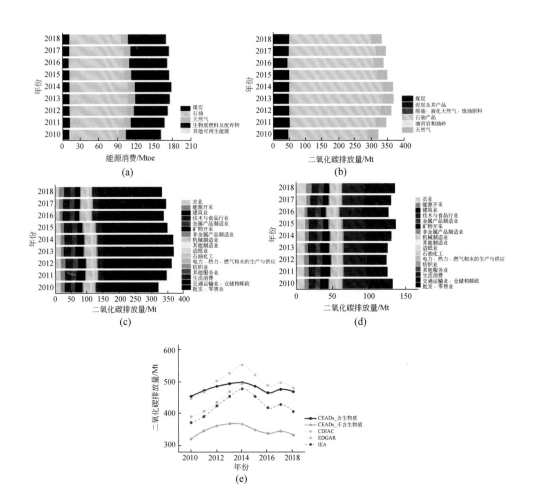

图 4-8　巴西 2010—2018 年的能源消费和二氧化碳排放量

（a）一次能源消费结构；（b）化石能源碳排放量；（c）分行业化石能源消费碳排放量；
（d）生物质碳排放量；（e）与国际数据库对比

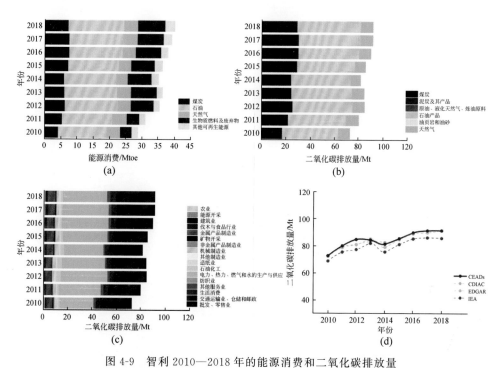

图 4-9　智利 2010—2018 年的能源消费和二氧化碳排放量

（a）一次能源消费结构；（b）化石能源碳排放量；（c）分行业化石能源消费碳排放量；（d）与国际数据库对比

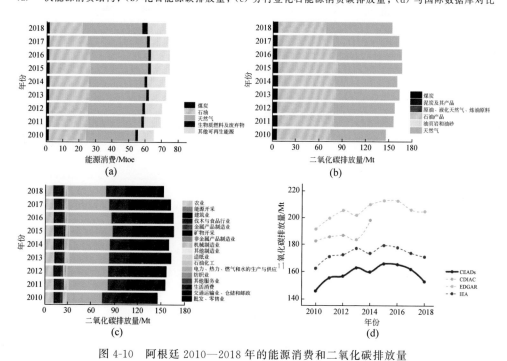

图 4-10　阿根廷 2010—2018 年的能源消费和二氧化碳排放量

（a）一次能源消费结构；（b）化石能源碳排放量；（c）分行业化石能源消费碳排放量；（d）与国际数据库对比

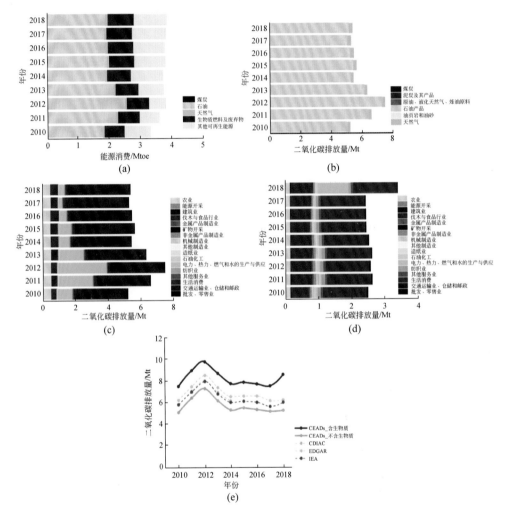

图 4-11　乌拉圭 2010—2018 年的能源消费和二氧化碳排放量

（a）一次能源消费结构；（b）化石能源碳排放量；（c）分行业化石能源消费碳排放量；

（d）生物质碳排放量；（e）与国际数据库对比

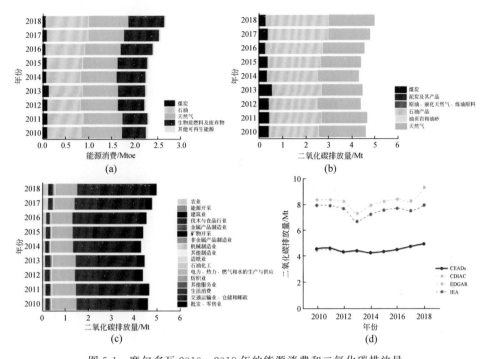

图 5-1 摩尔多瓦 2010—2018 年的能源消费和二氧化碳排放量

（a）一次能源消费结构；（b）化石能源碳排放量；（c）分行业化石能源消费碳排放量；

（d）与国际数据库对比

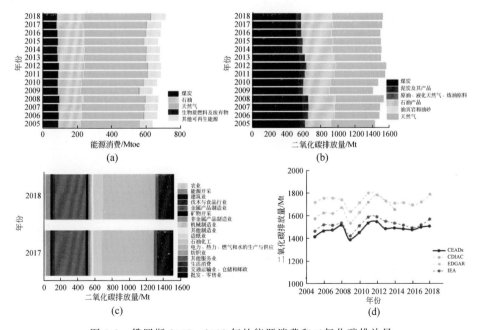

图 5-2 俄罗斯 2005—2018 年的能源消费和二氧化碳排放量

（a）一次能源消费结构；（b）化石能源碳排放量；（c）分行业化石能源消费碳排放量；（d）与国际数据库对比（由于数据可得性等问题，分行业化石能源消费碳排放只提供 2017 年和 2018 年数据）

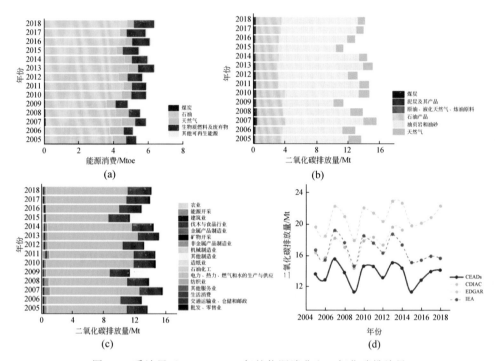

图 5-3 爱沙尼亚 2005—2018 年的能源消费和二氧化碳排放量

（a）一次能源消费结构；（b）化石能源碳排放量；（c）分行业化石能源消费碳排放量；

（d）与国际数据库对比

多尺度碳测算及分析丛书

新兴经济体二氧化碳核算清单与排放特征分析

（2010 — 2018）

[英] 关大博　著

清华大学出版社

北京

内 容 简 介

本书聚焦于新兴经济体的二氧化碳分析，旨在为新兴经济体的二氧化碳排放清单建立统一、透明、科学的核算体系，搭建符合新兴经济体国情的碳排放数据库，分析新兴经济体的碳排放现状与特征，为挖掘新兴经济体未来减排潜力提供基础数据保障。本书根据联合国政府间气候变化专门委员会的核算方法，收集了能源活动水平数据和排放因子数据，编制了 2010—2018年 8 种能源类型和 47 个行业的 30 个新兴经济体二氧化碳排放清单。

本书按洲分篇章展开，从行业、能源品种、区域等不同维度针对每个新兴经济体进行详尽、具体的二氧化碳排放分析，并提供与国际机构的数据对比分析，以验证数据的合理性和可靠性，从而为政策制定者、研究人员和对气候变化感兴趣的群体提供参考。

北京市版权局著作权合同登记号　图字：01-2023-0761

图书在版编目(CIP)数据

新兴经济体二氧化碳核算清单与排放特征分析：2010—2018/(英)关大博著.—北京：清华大学出版社，2023.2
　(多尺度碳测算及分析丛书)
　ISBN 978-7-302-62647-3

　Ⅰ.①新…　Ⅱ.①关…　Ⅲ.①二氧化碳－废气排放量－市场分析－世界－2010-2018
Ⅳ.①X510.6

中国国家版本馆 CIP 数据核字(2023)第 023764 号

责任编辑：黎　强　李双双
封面设计：何凤霞
责任校对：王淑云
责任印制：朱雨萌

出版发行：清华大学出版社
　　　　网　　　址：http://www.tup.com.cn，http://www.wqbook.com
　　　　地　　　址：北京清华大学学研大厦 A 座　　　　邮　　编：100084
　　　　社 总 机：010-83470000　　　　　　　　　　邮　　购：010-62786544
　　　　投稿与读者服务：010-62776969，c-service@tup.tsinghua.edu.cn
　　　　质量反馈：010-62772015，zhiliang@tup.tsinghua.edu.cn
印 装 者：小森印刷霸州有限公司
经　　销：全国新华书店
开　　本：170mm×240mm　　印　张：9　　插　页：13　　字　　数：212 千字
版　　次：2023 年 2 月第 1 版　　　　　　　　　　印　　次：2023 年 2 月第 1 次印刷
定　　价：59.00 元

产品编号：096111-01

丛书编委会

主　　编　关大博　清华大学地球系统科学系

委　　员（排名不分先后）

崔　璨　清华大学地球系统科学系

李姝萍　山东大学（威海）蓝绿发展研究院

赵伟辰　英国伦敦大学学院可持续建筑学院

孙艺达　清华大学地球系统科学系

谭　畅　清华大学地球系统科学系

刘缤远　荷兰格罗宁根大学

青　松　英国伦敦大学学院

郝　琦　南京大学地理与海洋科学学院

程丹阳　清华大学地球系统科学系

陈玉馨　中央民族大学经济学院

彭华熙　英国伦敦大学学院

崔志伟　上海财经大学

薛倩玉　山东大学（威海）蓝绿发展研究院

王静蕾　山东大学（威海）蓝绿发展研究院

喻　含　英国伦敦大学学院地理系

邬慧婷　南京大学商学院

单钰理　荷兰格罗宁根大学

雷天扬　清华大学地球系统科学系

马仕君　中国科学院生态环境研究中心

肖　琳　山东大学（威海）蓝绿发展研究院

黄　琦　山东大学（威海）蓝绿发展研究院

科学指导委员会

汪寿阳	中国科学院数学与系统科学研究院
李善同	国务院发展研究中心
贺克斌	清华大学环境学院
杨志峰	广东工业大学环境生态工程研究院
陶　澍	北京大学城市环境学院
潘家华	中国社会科学院生态文明研究所
魏一鸣	北京理工大学管理经济学院
戴民汉	厦门大学海洋与地球学院

序 言

FOREWORD

气候变化是人类面临的全球性重大挑战之一。习近平主席在 2020 年第七十五届联合国大会上提出我国"二氧化碳排放力争于 2030 年前达到峰值,努力争取 2060 年前实现碳中和"的目标;并在 2021 年第七十六届联合国大会上提出"中国将大力支持发展中国家能源绿色低碳发展"。在全球气候治理的新格局下,碳排放核算成为掌握碳排放变化趋势,有效开展各项碳减排工作,促进经济社会绿色低碳转型,加强应对气候变化国际合作的重要基础。

近年来,新兴经济体是全球经济发展的重要推动力,也是全球二氧化碳排放增长的主要来源。随着美国、欧盟以及中国等碳排放大国先后提出"碳达峰""碳中和"的目标,新兴经济体在《巴黎协定》下也将面临更严峻的碳减排挑战。在全球气候行动目标和自身经济社会发展的双重压力下,实现低碳转型迫切而重要。许多新兴经济体在国家自主贡献(NDC)中提出了减排目标,却缺乏实现减排目标所必需的国家级、区域级和部门级的碳排放基础数据。为有效实现《巴黎协定》所提出的减排目标,需要建立完整、统一和可比较的碳核算方法体系和数据基础库,尤其对于碳排放统计方法和数据缺失的新兴经济体来说,建立系统、完善、透明的碳排放核算体系更加重要。

《新兴经济体二氧化碳核算清单与排放特征分析(2010—2018)》不仅涵盖了新兴经济体国家和区域层面的碳排放数据,还精细化核算了能源品种及不同产业部门的二氧化碳排放情况。本书通过关注新兴经济体的碳排放现状,支撑"一带一路"沿线国家碳排放数据体系的建设,进而推动新兴经济体积极应对气候变化,助力新兴经济体的绿色低碳转型。同时,推动中国南南合作,提升在全球碳减排中的话语体系,在全球治理格局中展现大国担当并发挥积极的作用,最终助力全球净零碳目标的实现。

陶 澍

北京大学城市与环境学院

前 言

PREFACE

新兴经济体的经济发展促使了能源消耗和二氧化碳排放量的增长,并将成为未来全球二氧化碳排放增长的主要驱动力。然而,在过去几十年中,新兴经济体普遍表现出碳核算进展不足,存在核算口径不一、原始数据缺失、核算方法不透明、行业及区域划分模糊等问题。基础数据的缺乏成为深入研究新兴经济体碳排放特征的主要障碍,这也在一定程度上限制了在长时间维度上的纵向比较,在不同新兴经济体之间的横向对比,以及新兴经济体国内跨区域的异质性研究。考虑到新兴经济体在碳排放核算上的紧迫性,有必要建立具有统一、透明、科学的核算体系的碳排放清单,搭建符合发展中国家国情的新兴经济体碳排放清单数据库,进而分析新兴经济体的碳排放现状与特征,为挖掘新兴经济体未来气候变化减排潜力提供基础数据支撑。

为此,笔者带领中国碳核算数据库(Carbon Emission Accounts and Datasets, CEADs)对30个新兴经济体能源燃烧所产生的二氧化碳排放情况进行了翔实的清单编制。在原始数据的选择上,研究团队首选各国官方统计机构发布的能源活动水平数据和排放因子数据,对于存在相关数据缺失的情况,补充使用相邻且能源消费产品相似国家数据或政府间气候变化专门委员会(Intergovernmental Panel on Climate Change,IPCC)发布的数据。同时,为更详细地展示二氧化碳排放的行业分布和区域异质性,研究团队参考了行业和区域的经济指标,总体上按照47个行业分区域编制碳排放清单。碳排放清单结果显示,随着能源结构和工业化过程的逐渐高碳化,新兴经济体的二氧化碳排放量呈急剧增长的态势;在各国内部,集中表现为高收入地区排放了大部分二氧化碳。此次编撰的《新兴经济体二氧化碳核算清单与排放特征分析(2010—2018)》,基于新兴经济体的排放特征和减排方式,建立了具有行业、能源和区域高分辨率的排放数据,为深入研究新兴经济体的碳排放增长奠定了坚实的基础,将为新兴经济体国家自身的低碳发展规划提供参考,并为全球气候变化减缓目标,尤其是气候行动领域的南南合作提供支撑,从而提升新兴经济体在全球减排行动中的话语权。

CEADs 研究团队致力于开发针对全球 150 多个发展中国家多尺度统一、全口径、全透明、可验证、长时间序列、高空间精度、分社会经济行业以及分能源品种品质的精细化碳排放核算清单。此次,笔者带领 CEADs 研究团队以数据众筹的方式,聚集了清华大学、山东大学、南京大学、英国伦敦大学学院、荷兰格罗宁根大学等几十所国内外研究机构的近千名学者,历时 5 年共同编制完成本书,并力争实现年度报告发布。我们特别感谢 CEADs 科学指导委员会的指导与帮助;感谢科学技术部国际合作司《碳中和目标下中欧科技应对气候变化与可持续发展国际合作研究》项目及国家自然科学基金委员会《大气成分变化及气候环境影响》项目对本书的支持与资助;感谢科学技术部中国 21 世纪议程管理中心对本书编制工作的支持。本书中若有不当之处,敬请批评指正。

关大博

目录
CONTENTS

第1章

引　言

1.1　背景

当前,由温室气体排放引起的气候变化问题日益突出,二氧化碳作为主要的温室气体,约占温室气体总排放量的 72%[1]。人类活动和人口增长逐渐成为二氧化碳排放的重要诱因之一,持续制约着各国的可持续发展。近年来,许多发达国家已实现碳达峰,新兴经济体逐渐成为碳排放①增加的主要贡献者,而中国也成为二氧化碳排放大国,并在 2006 年前后超过了美国,从 2013 年开始,中国的二氧化碳排放量迅速增长,预计将在 2030 年前达到峰值[2]。印度作为同样重要的新兴经济体,虽然其二氧化碳排放增长的时间节点晚于中国,但未来可能成为下一个"排放巨头"。实际上,自 2010 年以来,全球其他新兴经济体的快速经济增长均对全球二氧化碳排放产生了巨大影响,不仅如此,近年来,全球产业链的迭代,使得简单技术劳动逐渐向新兴经济体转移,生活方式的改变促使能源需求和能源使用的增长[3-5],致使大部分新兴经济体的社会经济与能源排放处于快速增长的态势,最终导致这些经济体将成为未来全球碳排放增长的主要贡献者。但由于以往除中国和印度外的其他单个新兴经济体二氧化碳排放量相对较少,其碳核算研究与减排行动较少受到关注。与此同时,自 COVID-19 发生以来,新兴经济体正面临着经济复苏和减缓气候变化的双重压力,在推进工业化和发展经济的同时,百余新兴经济体提出"碳中和"计划,以实现 21 世纪末全球升温不超过 1.5℃的目标。尽管少数新兴经济体已经逐步开始部署和实施应对气候变化的能源转型与减排计划,但仍有许多新兴经济体应对气候变化的减排路径不明晰。尽管已有许多学者关注新兴经济体的脱碳技术和可再生能源的利用[7-8],研究经济发展与碳排放的关系[9],但是相关数据缺口是开展研究的主要瓶颈,缺少全面、细致、统一的碳排放清单限制了新兴经济体气候行动研究与规划。鉴于此,提供准确可靠的二氧化碳排放清单,将

---

①　本书中碳排放均指二氧化碳排放。

有助于清晰识别新兴经济体的碳排放来源,进而指导减缓气候变化的政策制定。

1.2　数据挑战

相较于发达经济体的碳排放核算体系,新兴经济体的碳核算数据的细致性和连续性均不足,主要原因如下。

(1)基础数据的获取难度较大。新兴经济体的能源消耗、排放因子和经济活动等数据基础相对较差,很少建立完善的统计系统,难以测算出较为精确的排放清单。目前,国际能源署(International Energy Agency,IEA)、美国能源信息署(Energy Information Administration,EIA)、英国石油公司(British Petroieum,BP)和欧盟环境署全球大气排放数据库(Emissions Database for Global Atmospheric Resear,EDGAR)等是获得各国碳排放数据的重要来源,并每年发布相应的报告,而上述机构侧重提供发达国家和主要的新兴经济体(如中国和印度)的排放数据,忽视了欠发达国家的排放特征。

(2)数据的可对比性较差。发达经济体组成国际组织(如经济合作组织OECD)进行标准化的数据均可公开和共享,而由于新兴经济体统计口径差异很大,如核算范围、能源品种、产业部门划分互不相同,使得难以具体比较国家间的排放量,遑论对排放进行归因,进而讨论减排责任。

(3)数据的精细程度较低。发达经济体的碳排放数据具有细致的能源品种与产业部门的划分,而新兴经济体的碳排放数据仅统计到煤、石油、天然气等能源大类,行业来源也仅具体到农业、工业、交通、民用等相对宽泛的行业。现实情况是,新兴经济体在快速发展的过程中,不同行业在二氧化碳减排和应对气候变化时面临的挑战不同,存在行业间的异质性,需要基于能源品种及行业来源的精细化碳排放数据进行深入探讨。此外,在数据尺度上,新兴经济体的排放数据大多到国家尺度,区域尺度的排放核算缺乏,难以反映区域间碳排放的异质性,这也在一定程度上限制了区域减排政策的制定。

综上,新兴经济体所面临的挑战要比发达国家更多,因此,实现从时间序列、区域和行业等不同视角分析新兴经济体,识别其异质性,补充编制新兴经济体的碳排放清单,并开展相关研究显得意义重大。

1.3　创新点

中国碳核算数据库(Carbon Emission Accounts & Datasets,CEADs)[①]聚集了一大批来自中国、英国以及美国等国家的专家,在全球范围内开展碳排放核算及应

---

① https://ceads.net.

用工作。CEADs 提供透明、可核查、免费公开的碳排放和社会经济贸易数据。此次,CEADs 团队关注到了新兴经济体碳排放清单领域面临的问题,通过数据众筹的方式,建立了新兴经济体的碳排放清单数据库,旨在为新兴经济体的碳排放清单建立统一、透明、科学的核算体系,进而分析新兴经济体的碳排放现状,探索新兴经济体的低碳减排路径。

本书根据政府间气候变化专门委员会(IPCC)的核算方法,收集了能源活动和排放因子数据核算在国家层面上能源消费所产生的排放,编制了 2010—2018 年 8 种能源类型和 47 个行业的 30 个新兴经济体二氧化碳排放清单,本书所涵盖的国家如表 1.1 所示。考虑到新兴经济体中生物质作为民用部门的主要一次能源,本书将生物质能源视为碳排放来源的能源品种之一,这对于分析东南亚、非洲国家的排放特点和能源结构有重要的支撑作用。此外,在数据可获得的情况下,本报告利用能源消费或经济数据等降尺度指标,填充了区域层面的数据,编制了 20 个新兴经济体区域级碳排放清单,关注各新兴经济体内区域间排放的异质性。最后,由于不同机构数据来源、能源类型和行业的不一致是造成机构间数据差异的主要原因,因此本书通过对比不同机构公布的清单,来验证排放清单,以确保 CEADs 清单的合理性和可靠性。

表 1.1　本书所涵盖的国家

国　　家		地　　点	发　展　阶　段	区域数	时间序列/年
亚洲篇	柬埔寨	东南亚	最不发达国家	—	2010—2018
	老挝	东南亚	最不发达国家 内陆发展中国家	—	2010—2018
	缅甸	东南亚	最不发达国家	—	2010—2018
	印度	南亚	发展中经济体	33	2007—2018
	印度尼西亚	东南亚	发展中经济体	34	2010—2018
	约旦	西亚	发展中经济体	—	2010—2018
	蒙古国	东亚	内陆发展中国家	22	2010—2018
	泰国	东南亚	新兴市场经济体 发展中经济体	—	2010—2018
	土耳其	中亚	新兴市场经济体 发展中经济体	81	2010—2018
非洲篇	吉布提	东非	最不发达国家	—	2010—2018
	埃塞俄比亚	东非	最不发达国家 内陆发展中国家	11	2010—2018
	坦桑尼亚	东非	最不发达国家	23	2010—2018
	乌干达	东非	最不发达国家 内陆发展中国家	135	1971—2018
	加纳	东非	发展中经济体	16	2010—2018
	肯尼亚	东非	发展中经济体	47	2010—2018
	南非	南非	发展中经济体	9	2010—2018

续表

国　家	地　点	发 展 阶 段	区域数	时间序列/年
玻利维亚	南美洲	内陆发展中国家	9	2010—2018
危地马拉	南美洲	发展中经济体	22	2010—2018
牙买加	南美洲	小岛屿发展中国家	—	2010—2018
厄瓜多尔	南美洲	发展中经济体	24	2010—2018
巴拉圭	南美洲	内陆发展中国家	—	2010—2018
哥伦比亚	南美洲	新兴市场经济体 发展中经济体	32	2010—2018
秘鲁	南美洲	新兴市场经济体 发展中经济体	25	2010—2018
巴西	南美洲	新兴市场经济体 发展中经济体	26	2010—2018
智利	南美洲	新兴市场经济体 发展中经济体	16	2010—2018
阿根廷	南美洲	新兴市场经济体 发展中经济体	23	2010—2018
乌拉圭	南美洲	发展中经济体	—	2010—2018
摩尔多瓦	欧洲	转型期经济体 内陆发展中国家	—	2010—2018
俄罗斯	欧洲	新兴市场经济体 转型期经济体	82	2005—2018
爱沙尼亚	欧洲	发达经济体	17	2005—2018

(南美洲篇为前11行国家分组，欧洲篇为后3行国家分组)

2010—2018 年 30 个新兴经济体二氧化碳排放量

国　家	年份	二氧化碳排放—含不可持续生物质/Mt	二氧化碳排放—不含生物质/Mt
阿根廷	2010	148.86	145.63
	2011	158.83	155.38
	2012	159.82	156.71
	2013	166.37	162.85
	2014	163.19	159.84
	2015	169.50	165.98
	2016	168.63	165.39
	2017	165.18	161.91
	2018	155.87	152.82
玻利维亚	2010		15.97
	2011		17.00
	2012		16.99
	2013		18.50
	2014		19.78
	2015		20.04

续表

国　　家	年份	二氧化碳排放—含不可持续生物质/Mt	二氧化碳排放—不含生物质/Mt
玻利维亚	2016		21.52
	2017		22.11
	2018		22.64
巴西	2010	454.02	321.45
	2011	471.94	346.43
	2012	485.95	361.82
	2013	494.30	368.44
	2014	497.91	366.97
	2015	486.32	349.35
	2016	465.36	338.19
	2017	476.03	345.30
	2018	468.75	332.76
柬埔寨	2010	11.96	4.45
	2011	12.70	5.15
	2012	13.28	5.42
	2013	13.37	5.18
	2014	14.74	6.15
	2015	16.23	7.38
	2016	18.39	9.71
	2017	18.94	10.41
	2018	21.39	11.76
智利	2010		72.51
	2011		79.85
	2012		84.64
	2013		84.28
	2014		81.29
	2015		85.37
	2016		89.76
	2017		91.30
	2018		91.35
哥伦比亚	2010	90.97	73.39
	2011	88.19	71.07
	2012	92.83	76.09
	2013	95.80	79.55
	2014	99.72	83.80
	2015	98.66	83.78
	2016	101.21	86.82
	2017	88.69	75.53
	2018	93.70	80.53

续表

国　　家	年份	二氧化碳排放—含不可持续生物质/Mt	二氧化碳排放—不含生物质/Mt
吉布提	2010	2.07	1.28
	2011	2.07	1.27
	2012	2.27	1.46
	2013	2.18	1.35
	2014	2.29	1.35
	2015	2.38	1.40
	2016	2.25	1.47
	2017	2.28	1.49
	2018	2.31	1.51
厄瓜多尔	2010	33.09	31.54
	2011	34.89	33.37
	2012	36.30	34.87
	2013	39.13	37.74
	2014	40.95	39.55
	2015	35.77	34.48
	2016	38.77	37.50
	2017	35.91	34.67
	2018	39.85	38.64
爱沙尼亚	2010		14.72
	2011		14.68
	2012		13.23
	2013		15.15
	2014		14.46
	2015		11.41
	2016		12.92
	2017		14.01
	2018		14.19
埃塞俄比亚	2010	130.71	6.53
	2011	134.86	6.74
	2012	139.39	7.66
	2013	143.65	8.38
	2014	148.24	9.40
	2015	152.81	10.55
	2016	157.66	10.88
	2017	162.67	11.23
	2018	167.83	11.58

续表

国　家	年份	二氧化碳排放—含不可持续生物质/Mt	二氧化碳排放—不含生物质/Mt
加纳	2010	20.67	10.59
	2011	21.57	11.05
	2012	22.51	11.53
	2013	23.49	12.03
	2014	24.52	12.56
	2015	25.58	13.10
	2016	26.70	13.67
	2017	28.13	14.89
	2018	30.23	16.38
危地马拉	2010	38.54	12.25
	2011	39.53	12.46
	2012	40.81	13.08
	2013	42.96	14.30
	2014	44.37	13.70
	2015	47.92	18.31
	2016	51.20	19.67
	2017	52.41	18.95
	2018	54.66	20.53
印度	2010		1383.81
	2011		1284.65
	2012		1434.80
	2013		1638.19
	2014		1846.08
	2015		2098.36
	2016		2134.19
	2017		2290.67
	2018		2433.07
印度尼西亚	2010		426.46
	2011		497.19
	2012		573.46
	2013		538.22
	2014		515.50
	2015		508.09
	2016		517.22
	2017		534.84
	2018		629.80

续表

国　　家	年份	二氧化碳排放—含不可持续生物质/Mt	二氧化碳排放—不含生物质/Mt
牙买加	2010	8.34	7.11
	2011	8.52	7.56
	2012	7.99	7.08
	2013	8.37	7.43
	2014	8.30	7.19
	2015	8.18	7.14
	2016	8.21	7.57
	2017	7.48	6.90
	2018	9.30	8.67
约旦	2010		20.22
	2011		20.00
	2012		22.05
	2013		22.20
	2014		24.19
	2015		24.53
	2016		24.39
	2017		25.85
	2018		23.68
肯尼亚	2010	54.30	10.28
	2011	56.51	10.70
	2012	58.81	11.13
	2013	77.46	11.97
	2014	84.98	13.59
	2015	76.39	16.01
	2016	79.50	16.66
	2017	82.73	17.33
	2018	86.10	18.04
老挝	2010	5.98	1.79
	2011	7.14	2.14
	2012	8.52	2.55
	2013	8.75	2.81
	2014	9.62	3.63
	2015	15.26	9.19
	2016	20.98	14.95
	2017	24.30	18.26
	2018	24.60	18.55

国　　家	年份	二氧化碳排放—含不可持续生物质/Mt	二氧化碳排放—不含生物质/Mt
摩尔多瓦	2010		4.61
	2011		4.67
	2012		4.39
	2013		4.47
	2014		4.32
	2015		4.40
	2016		4.55
	2017		4.79
	2018		4.99
蒙古国	2010		10.60
	2011		10.98
	2012		12.02
	2013		13.03
	2014		12.80
	2015		12.39
	2016		12.84
	2017		13.96
	2018		15.74
缅甸	2010	49.01	12.33
	2011	52.17	12.89
	2012	51.25	11.64
	2013	54.96	12.29
	2014	61.66	16.33
	2015	63.28	21.68
	2016	60.01	19.92
	2017	65.36	28.61
	2018	74.06	32.41
巴拉圭	2010	11.08	4.89
	2011	11.20	5.11
	2012	11.23	5.31
	2013	10.55	5.25
	2014	11.05	5.53
	2015	11.57	6.07
	2016	12.45	6.88
	2017	16.64	7.96
	2018	16.93	8.43

续表

国　家	年份	二氧化碳排放—含不可持续生物质/Mt	二氧化碳排放—不含生物质/Mt
秘鲁	2010	50.19	41.11
	2011	51.41	42.11
	2012	53.66	44.64
	2013	53.81	45.08
	2014	55.34	46.54
	2015	56.53	47.84
	2016	61.11	52.26
	2017	61.25	50.65
	2018	61.53	51.19
俄罗斯	2010		1470.13
	2011		1553.72
	2012		1565.87
	2013		1504.60
	2014		1510.51
	2015		1502.72
	2016		1495.39
	2017		1517.79
	2018		1526.08
南非	2010	391.33	
	2011	366.59	
	2012	373.25	
	2013	418.83	
	2014	397.84	
	2015	363.66	
	2016	387.51	
	2017	366.76	
	2018	363.38	
坦桑尼亚	2010	21.37	6.12
	2011	23.23	7.78
	2012	25.91	9.87
	2013	28.55	10.21
	2014	29.10	10.23
	2015	20.41	11.39
	2016	17.53	10.41
	2017	16.96	10.07
	2018	16.40	9.74

续表

国　　家	年份	二氧化碳排放—含不可持续生物质/Mt	二氧化碳排放—不含生物质/Mt
泰国	2010	251.30	219.56
	2011	256.29	223.92
	2012	261.39	228.37
	2013	266.58	232.91
	2014	256.37	221.61
	2015	271.43	237.73
	2016	274.72	252.51
	2017	276.08	254.26
	2018	278.68	258.01
土耳其	2010		282.55
	2011		292.15
	2012		302.07
	2013		312.33
	2014		322.94
	2015		333.91
	2016		349.04
	2017		382.31
	2018		375.82
乌干达	2010	13.44	3.44
	2011	13.76	3.64
	2012	13.85	3.35
	2013	14.34	3.62
	2014	15.23	4.06
	2015	15.43	4.11
	2016	16.67	4.90
	2017	17.19	5.07
	2018	17.94	5.37
乌拉圭	2010	7.71	5.23
	2011	9.23	6.61
	2012	10.06	7.49
	2013	8.95	6.34
	2014	7.98	5.45
	2015	8.10	5.65
	2016	7.93	5.49
	2017	7.74	5.32
	2018	8.82	5.41

注：本书汇编了 30 个新兴经济体的二氧化碳排放清单。根据联合国《世界经济形势展望 2020》,30 个新兴经济体的"发展阶段"按照各国的社会经济发展水平划分为最不发达国家、发展中经济体、转型经济体、发达经济体,结合国家的地理位置及经济特征,部分国家属于小岛屿发展中国家、内陆发展中国家、新兴市场经济体。

　　未来的研究中,将进一步扩充新兴经济体的数目、更新排放清单的时间范围,以保证数据的及时性,并利用正在筹备的点源排放数据进行交叉验证,以提高数据的准确性与稳健性。此外,本书只涵盖了新兴经济体与能源消费相关的二氧化碳排放,暂未考虑工业生产过程中的二氧化碳排放,或将在未来的版本中予以补充。

第2章

亚 洲 篇

2.1 柬埔寨

（1）国家背景

柬埔寨是中南半岛上最小的国家,土地面积为 181 035 km^2。在过去 10 年中,柬埔寨的人口稳步增长,年增长率为 1.6%。2019 年,柬埔寨的人口达到 1649 万[10]。尽管柬埔寨仍是世界上最不发达的国家之一,但在过去的几十年里,该国的经济取得了很大的进步。1998—2019 年,柬埔寨的 GDP 快速增长,年增长率为 7.7%。2015 年,该国实现了从低收入国家向中低收入国家的过渡,2020 年国内生产总值(gross domestic product,GDP)按照现价达到 293.62 亿美元。

近年来,柬埔寨的服务业增长迅速,2019 年增加值占比高达 38.8%。同时,工业也表现强劲,服装出口和旅游业逐渐成为柬埔寨经济增长的两大主要引擎[11]。在国际贸易方面,柬埔寨出口的商品主要是服装产品,运往美国、德国、日本和中国,而黄金、轻型橡胶针织品和精炼石油是柬埔寨最重要的进口商品,通常来自泰国、中国和新加坡[12]。

柬埔寨拥有丰富的可再生能源资源,如水力、太阳能。然而,受资金和经验的限制,可再生能源的发展进程相对缓慢[13]。作为一个高度依赖农业和渔业等气候敏感型行业的国家,柬埔寨非常容易受到气候变化的影响。因此,柬埔寨和世界上许多其他国家一样,提出了自己的气候政策,明确在基准情景下,2030 年之前将排放量减少 27%,森林覆盖率从 57% 提高到 60%[14-15]。

（2）一次能源消费结构

2018 年,柬埔寨化石能源消费占一次能源消费结构的 70.5%,以石油为主。其中,煤炭消费占比 11.9%,石油消费占比 58.5%。此外,水能、太阳能及其他可再生能源占一次能源消费的 3.0%;生物质占一次能源消费比例达 26.5%。

（3）化石能源碳排放特征

化石能源二氧化碳碳排放均来自石油产品和煤炭消费。其中,石油产品消费在 2018 年产生碳排放量 7.6 Mt,占化石能源碳排放量的 64.7%。相比之下,煤炭消费产生的二氧化碳排放量急剧增加,从 2010 年的 2.0% 增至 2018 年的 35.3%。

(4) 分行业化石能源消费碳排放贡献

交通运输业、仓储和邮政是柬埔寨化石能源碳排放的主要行业,这些行业的化石能源碳排放量从 2010 年的 2.88 Mt 上升到 2018 年的 5.50 Mt,占化石能源碳排放总量的比例从 2010 年的 64.8% 降到 2018 年的 46.8%。其次,电力、热力、燃气和水的生产与供应行业也是化石能源碳排放的主要来源,2018 年占化石能源碳排放的比例高达 35.2%。

(5) 生物质碳排放特征

2018 年,生物质约占一次能源消费结构的 26.5%。生物质主要的形式是农业残余物(稻壳、花生壳、甘蔗加工残渣等)、木材,其中,80% 的生物质用于生活消费行业,主要在农村地区用于炊事和取暖。木材是柬埔寨能源消费最主要的形式,其绝大部分来源于对森林的砍伐。人口的快速增长使人们对木材的需求量急剧增加,导致森林严重退化,仅有小面积得到了恢复,给柬埔寨整个生态系统带来了重大压力。因此该国生物质中的大部分未恢复的森林砍伐不具有可持续性,该部分在整体碳核算过程中,应当计入总体碳排放中。从时间趋势上看,生物质产生的碳排放量经历了小幅波动,2010—2015 年,碳排放量从 7.51 Mt 略增加至 8.85 Mt,2016 年有明显下降,2018 年又有所增加,达到峰值 9.63 Mt。

(6) 碳排放趋势

2010—2018 年,化石能源消费产生的碳排放量保持相对稳定的增长速度,年均增长率为 12.9%,从 2010 年的 4.45 Mt 上升到 2018 年的 11.76 Mt。其次,生物质消费所产生的碳排放量从 7.51 Mt 增加到 9.63 Mt,增长了 28.2%。

(7) 与国际数据库对比

在统一核算口径下,即不包含生物质排放时,无论是化石能源碳排放量还是相应的化石能源碳排放趋势,CEADs 核算的柬埔寨数据与其他机构核算的统计结果基本一致。具体地,在 2013 年之前,所有机构的二氧化碳排放统计数据都非常接近。从 2014 年开始,EDGAR 和 CEADs 所统计数据的差距越来越大,而 IEA 的数据和 CEADs 的数据保持相同的增长趋势,但存在轻微差异。例如,2017 年 CEADs 统计的交通行业碳排放量为 4.87 Mt,而 IEA 统计的数据为 5.27 Mt。这个差异可以从两个方面解释:①从统计口径来看,CEADs 的数据有更详细的能源分类,如石油产品分为汽油、柴油、燃料油等,每一类石油产品都有相应的排放因子,而 IEA 的统计口径中能源品种只分为石油产品一类,因此,IEA 采用的排放因子与 CEADs 采用的排放因子不同,导致排放数据的差异;②两个机构的能源消费数据来源不同。CEADs 采用的是东亚东盟经济研究中心(Economic Research Institute for ASEAN and EastAsia,ERIA)的能源消耗数据,而 IEA 的数据有多个数据来源,如柬埔寨电力局、ERIA、柬埔寨石油总局等。这些机构的能源消耗统计数据之间存在着细微的差异。例如,2017 年,IEA 采用的柬埔寨运输行业使用的石油产品为 1.744 Mtoe(百万吨油当量),但 CEADs 使用的东亚东盟经济研究中心的数据显示,该行业的石油产品消费为 1.612 Mtoe(百万吨油当量)。上述原因导致了 IEA 和 CEADs 之间的行业排放差异。

此外,当包含生物质消费所产生的二氧化碳时,2018 年,CEADs 核算数据为 21.39 Mt,而 IEA、EDGAR 和美国二氧化碳信息分析中心(Carbon Dioxide Information Analysis Center,CDIAC)等机构的统计数据不包含生物质排放数据。

本书汇总了柬埔寨 2010—2018 年的能源消费和二氧化碳排放量数据,如图 2-1 所示。

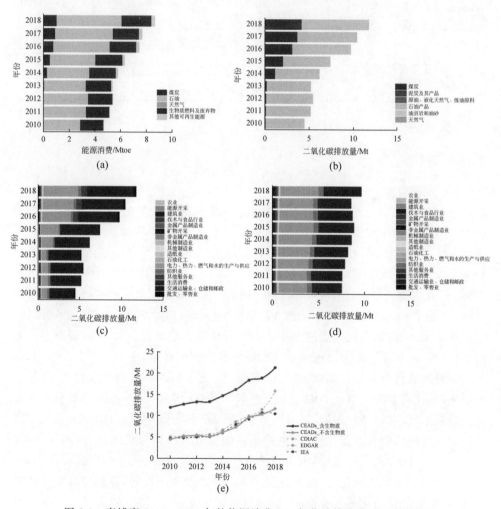

图 2-1　柬埔寨 2010—2018 年的能源消费和二氧化碳排放量(见文前彩图)

(a) 一次能源消费结构;(b) 化石能源碳排放量;(c) 分行业化石能源消费碳排放量;
(d) 生物质碳排放量;(e) 与国际数据库对比

　　数据来源简述:本书所用能源数据来自 ERIA 提供的 2010—2017 年能源平衡表。据统计,柬埔寨消耗的化石燃料主要有 4 种,分别是煤炭、原油和 NGL、石油产品以及其他。值得注意的是,其他即代表生物质,虽然在 ERIA 的报告中没有具体说明,但根据报告中的图例和图例的解释可以推断。这些能源消耗产生于 3 个主要行业,即工业、运输和其他行业。为了将 3 个主要行业进一步细化为 47 个行业,本书参考了亚洲开发银行的投入产出表。表 2.1 为柬埔寨二氧化碳排放核算的数据来源。

表 2.1　柬埔寨二氧化碳排放核算的数据来源

数据类型	来　　源	网　　站
能源平衡表	东亚东盟经济研究中心(ERIA)	https://www.eria.org/RPR_FY2015_No.8_Chapter_2.pdf
排放因子	政府间气候变化专门委员会(IPCC)	https://www.ipcc-nggip.iges.or.jp/EFDB/
行业匹配指标	亚洲开发银行——投入产出表	https://data.adb.org/dataset/cambodia-input-output-economic-indicators

2.2　老挝

(1) 国家背景

　　老挝共和国位于东南亚的中南半岛上,是东南亚唯一的内陆国家,面积为237 955 km^2。在过去的 10 年里,老挝的人口稳步增长,年均增长率为 1.5%。根据国家统计局的数据,2020 年,老挝的总人口达到 723.1 万[16]。老挝的经济发展较为迅速,1993—2019 年,GDP 的年增长率为 7.3%,使得该国的贫困率从 46% 降到18%[17],这主要得益于老挝政府在 1986 年实施的革新开放政策和积极的对外贸易政策,如 1997 年和 2015 年加入东南亚国家联盟(东盟)和世界贸易组织(世贸组织)。

　　近年来,老挝以农业为主的产业结构逐渐被服务业取代,2019 年,服务业占老挝 GDP 的 42.7%。此外,工业在过去 10 年里也发展迅速,年增长率约为 7.9%,是增长最快的行业。尽管如此,老挝仍有超三分之二的人口生活在农村地区,从事农业生产,使得老挝经济社会对气候变化较为敏感、脆弱[18]。老挝的水利资源和矿产资源丰富,有锡、铅、钾盐、铜、铁、金、石膏、煤、稀土等矿藏,石油和天然气多依赖进口。在国际贸易方面,老挝的主要出口国和进口国均为泰国、中国和日本,首要出口产品是电力、铜和显示器,主要进口产品为精炼石油、汽车和广播设备。

　　为应对全球气候变化,老挝制订了一系列雄心勃勃的计划,以减少温室气体排放,提高应对气候变化的复原能力,如增加可再生能源的份额,加快开发水电资源至 13 GW 容量[19]。老挝可再生能源发展战略旨在鼓励从国家层面开发可再生能源,实现到 2025 年可再生能源消费占总能源消费的 30%。老挝是亚洲第一个在2015 年就宣布国家自主贡献(intended nationally determined contributions,

INDC)的国家,但目前低碳减排工作进展并不乐观。

(2)一次能源消费结构

2018年,老挝化石能源消费占一次能源消费结构的63.2%,以煤炭为主,几乎没有天然气消费。其中,煤炭消费占比39.8%,石油消费占比23.4%,水能、太阳能及其他可再生能源占一次能源消费的21.3%,生物质占一次能源消费比例达15.5%。

(3)化石能源碳排放特征

老挝由煤炭消费所产生的二氧化碳排放占主导地位。从2015年起,老挝的Hongsa电厂开始运行,导致煤炭的消费量急剧增加,2018年产生二氧化碳排放总量为15.22 Mt,占化石能源碳排放量的82%。此外,石油产品消费所产生的二氧化碳排放量从2010年的1.48 Mt增加至2018年的3.33 Mt,2018年占化石能源碳排放量的18%。

(4)分行业化石能源消费碳排放贡献

2010—2018年,老挝的电力、热力、燃气和水的生产与供应行业化石能源消费产生的二氧化碳排放量大幅增长,2010年该行业化石能源二氧化碳排放量为530 t,仅占化石能源碳排放总量的0.03%,随着2015年Hongsa电厂的投入使用,电力生产造成的二氧化碳排放量急剧增加,使其成为最大的化石能源碳排放行业。2018年,该行业的化石能源碳排放量为14.76 Mt,占比79.6%。交通运输业、仓储和邮政是老挝的第二大化石能源碳排放行业,但其占化石能源碳排放的比例从2010年的72.1%降至2018年的16.8%。

(5)生物质碳排放特征

老挝的生物质种类主要包括木材燃料和木炭。2018年,生物质约占一次能源消费结构的15.5%。在其能源结构中,生物质曾是最主要的能源,在农村地区广泛应用,主要用于生活消费。老挝Hongsa火电机组投入运行导致生物质在能源供应中的占比持续下降。该国的生物质主要源于对森林的采伐,由于森林恢复的周期漫长,这种生物质利用方式在一定时期内不具有持续性。可见,该国生物质能源消费并不具有"零碳"属性,国家及地区的碳排放核算中应将生物质能源与化石能源消费共同计入总体碳排放。2010年和2018年,老挝生物质消费所产生的二氧化碳排放量分别为4.19 Mt和6.05 Mt。

(6)碳排放趋势

2010—2018年,化石能源消费所产生的二氧化碳总量急速增长,从1.79 Mt增至2018年的18.55 Mt,增长了936.7%。在此期间,生物质消费所产生的二氧化碳排放量从4.19 Mt增加到6.05 Mt,年均增长率为4.7%。

(7)与国际数据库对比

在统一核算口径下,即不包含生物质排放时,无论从数值还是趋势上来看,CEADs核算的老挝化石能源碳排放量与IEA的统计数据几乎相同;而与EDGAR的统计数据相比,2015年之前两者数据基本一致,从2015年开始,两者之间差距越来越大。CDIAC的统计数据明显低于其他机构的统计数据。

　　IEA、EDGAR 和 CDIAC 等机构的统计数据不包含生物质排放数据,当包含生物质消费所产生的二氧化碳时,2018 年,CEADs 核算数据为 24.6 Mt。

　　本书汇总了老挝 2010—2018 年的能源消费和二氧化碳排放量数据,如图 2-2 所示。

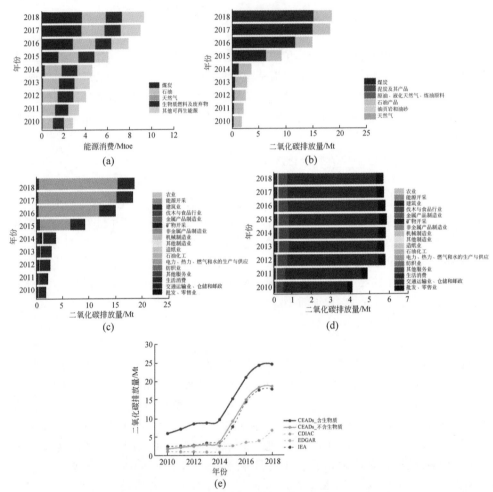

图 2-2　老挝 2010—2018 年的能源消费和二氧化碳排放量(见文前彩图)

(a) 一次能源消费结构;(b) 化石能源碳排放量;(c) 分行业化石能源消费碳排放量;

(d) 生物质碳排放量;(e) 与国际数据库对比

　　数据来源简述:本书所用能源数据来自 ERIA 提供的 2012—2018 年能源平衡表。据统计,老挝消耗的化石燃料主要有 3 种,分别是煤炭、石油产品和其他。应该注意的是,其他即为生物质。虽然这在 ERIA 的报告中没有具体说明,但根据报告中的图例和图例的解释,可以推断出这一点。这些能源消耗分布在 3 个主要行业,即工业、运输和其他行业。为了将 3 个主要行业进一步细化为 47 个行业,本书采用老挝统计局提供的 GDP 数据。表 2.2 为老挝二氧化碳排放核算的数据来源。

表 2.2　老挝二氧化碳排放核算的数据来源

数据类型	来　源	网　站
能源平衡表	东亚东盟经济研究中心(ERIA)	https://www.eria.org/publications/energy-demand-and-supply-of-the-lao-peoples-democratic-republic-2010-2018/
排放因子	政府间气候变化专门委员会(IPCC)	https://www.ipcc-nggip.iges.or.jp/EFDB/
行业匹配指标	老挝统计局——国内生产总值	https://laosis.lsb.gov.la/tblInfo/TblInfoList.do

2.3　缅甸

（1）国家背景

缅甸位于东南亚的中南半岛上,西北部与孟加拉国和印度接壤,东北部与中国接壤,东部与老挝接壤,南部与安达曼海接壤,是中南半岛上最大的国家。2010—2019年,缅甸的人口稳步增长,年均增长率约为 0.7%。根据世界银行的数据,2019年缅甸的总人口超过了 5404.54万。近年来,缅甸的经济发展迅速。2010—2019年,国内生产总值年均增长 7%。2019年,缅甸的GDP(现价)达到 760亿美元[20]。

缅甸的服务业在该国经济中贡献最大,在 2019年占GDP总额的 41.92%。近年来,该国的工业GDP增长迅速,是该国增长最快的行业,2019年占GDP总额的 35.9%。缅甸的矿藏资源丰富,石油与有色金属是缅甸重要的经济资源。在国际贸易方面,缅甸近年来前三大出口产品分别是石油、非针织女装大衣和精炼铜,这些产品通常运往泰国、中国和日本;精炼石油、广播设备和合成棉织物是缅甸主要的进口产品,通常来自中国、泰国和新加坡等国家[21]。

为了应对气候变化,缅甸电力和能源部推出了可再生能源目标,到 2021年将可再生能源在电力生产中的份额提高到 8%,到 2025年提高到 12%,但目前尚缺针对可再生能源项目的激励计划[22]。此外,缅甸政府旨在 2030年前将森林面积增加到 30%[23-24],已于 2015年提交了国家自主贡献(INDC),着重关注林业和能源两大领域[25]。

（2）一次能源消费结构

2018年,缅甸化石能源消费占一次能源消费结构的 62.5%,以石油为主。其中,煤炭消费占比 2.1%,石油消费占比 47.8%,天然气消费占比 12.6%。此外,水能、太阳能及其他可再生能源占一次能源消费的 4.1%;生物质占一次能源消费比例达 33.4%。

（3）化石能源碳排放特征

缅甸煤炭消费所产生的二氧化碳排放占据主导地位,2018年占化石能源碳排放量的 64.6%;并呈现大幅增长态势,从 2010年的 7.03 Mt增长到 2018年的

20.9 Mt,年均增长率为 14.6%。天然气也是该国二氧化碳排放的主要来源。2010—2018 年,天然气消费产生的二氧化碳排放呈现增长态势,从 2010 年的 4.07 Mt 增长到 2018 年的 9.06 Mt。

(4)分行业化石能源消费碳排放贡献

交通运输业、仓储和邮政是缅甸最大的化石能源碳排放行业,其次是电力、热力、燃气和水的生产与供应以及其他制造业。2018 年,交通运输业、仓储和邮政使用化石能源产生的碳排放量为 14.5 Mt,占化石能源碳排放总量的 44.7%。同时,电力、热力、燃气和水生产与供应的化石能源碳排放量占比呈现快速增长趋势,从 2010 年的 24.3%增加至 2018 年的 28.0%。其他制造业的化石能源碳排放保持稳定,但其占比略有下降,从 2010 年的 18.8%降到 2018 年的 14.9%。

(5)生物质碳排放特征

2018 年,生物质占一次能源消费结构的 56.2%左右,主要用于生活消费。缅甸的生物质原料主要来源于森林木材,过度的采伐[26]导致了森林覆盖率减小和森林退化。由于森林恢复的周期漫长,这种生物质利用方式在一定时期内不具有可再生性和持续性。因此该国生物质能源消费并不具有"零碳"属性,国家及地区的碳排放核算中应将生物质能源与化石能源消费共同计入总体碳排放量。该国的生物质消费所产生的碳排放量从 2010 年的 36.68 Mt 增加到了 2018 年的 41.64 Mt。

(6)碳排放趋势

2010—2018 年,化石能源消费所产生的碳排放量增加了 162.9%,从 12.33 Mt 增至 2018 年的 32.41 Mt,年均增长率为 6.3%。期间,生物质燃烧所产生的碳排放量从 36.68 Mt 增加到 41.64 Mt,年均增长率为 1.6%。

(7)与国际数据库对比

在统一核算口径下,即不包含生物质排放时,CEADs 核算的缅甸化石能源碳排放量与其他机构的统计数据在排放趋势上几乎相同,但是与各大国际机构每年发布的数值有一定差距。具体地说,与 EDGAR 的统计数据相比,CEADs 的统计数据在 2010 年更高,然而在 2012 年之后,EDGAR 的统计数据开始超过 CEADs 的统计数据,并保持这一趋势直到 2017 年。对于 IEA 的统计数据,其数值也在 2010 年低于 CEADs 的数值,但自 2013 年开始,两者的数值开始相互超越。2017 年,CEADs 的数值与 IEA 的数值几乎相同。但从行业排放来看,存在着一定差异,如 2017 年 CEADs 核算的交通运输业、仓储和邮政二氧化碳排放量为 12.79 Mt,而 IEA 的数据仅为 5.94 Mt。从统计口径的角度来看,CEADs 的数据有更详细的能源分类。例如,石油产品分为车用汽油、柴油、燃料油等,每一类油品都有相应的排放因子,而按照 IEA 的统计口径,能源品种仅分为石油产品一类。IEA 采用的排放因子与 CEADs 采用的排放因子不同,导致了碳排放数据的差异。造成差异的另一个原因是两个机构的能源消费数据不同。CEADs 采用的是东亚东盟经济研究中心(ERIA)的能源消费数据,而 IEA 的数据有多个数据来源,如缅甸中央

统计局、国际可再生能源署(International Renewable Energy Agency,IRENA)、亚
太能源研究中心(Asia Pacific Energy Research Center,APERC)等。这些机构的
能源消费统计数据之间存在着明显的差距。如 2017 年,IEA 采用的缅甸交通运输
业、仓储和邮政使用的石油产品总量为 1.875 Mtoe,但 CEADs 使用的东亚东盟经
济研究中心的数据显示,该行业石油产品消费为 4.196 Mtoe。上述原因导致了
IEA 和 CEADs 在行业碳排放数据上的差异。

IEA、EDGAR 和 CDIAC 等机构的统计数据不包含生物质排放数据,当包含生
物质消费所产生的二氧化碳时,2018 年,CEADs 核算数据为 74.06 Mt。

本书汇总了缅甸 2010—2018 年的能源消费和二氧化碳排放量数据,如图 2-3
所示。

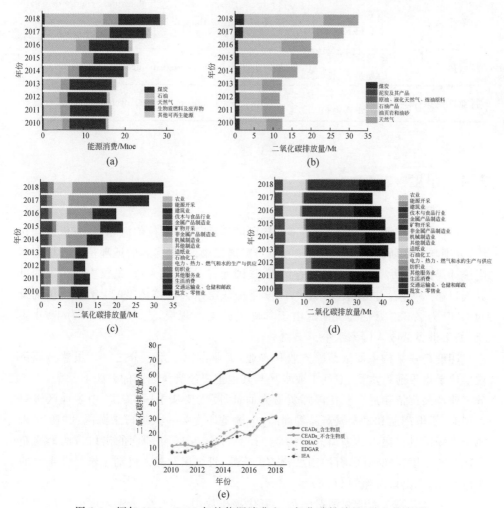

图 2-3　缅甸 2010—2018 年的能源消费和二氧化碳排放量(见文前彩图)
(a) 一次能源消费结构;(b) 化石能源碳排放量;(c) 分行业化石能源消费碳排放量;
(d) 生物质碳排放量;(e) 与国际数据库对比

数据来源简述：本报告所用能源数据来自 ERIA 提供的 2010—2017 年能源平衡表。据统计，缅甸消费的化石燃料主要有 5 种，分别是煤炭、原油和 NGL、石油产品、天然气和其他。值得注意的是，其他即为生物质。虽然这在 ERIA 报告中没有具体说明，但根据报告中图例和图例的解释，可以推断出这一点。这些能源消耗分布在 3 个主要行业，即工业、运输和其他行业。为了将 3 个主要行业进一步细化为 47 个行业，本书使用了亚洲开发银行提供的 GDP 数据。表 2.3 为缅甸二氧化碳排放核算的数据来源。

表 2.3　缅甸二氧化碳排放核算的数据来源

数据类型	来　　源	网　　站
能源平衡表	东亚东盟经济研究中心(ERIA)	https://www.eria.org/publications/energy-demand-and-supply-of-the-republic-of-the-union-of-myanmar-2010-2017/
排放因子	政府间气候变化专门委员会(IPCC)	https://www.ipcc-nggip.iges.or.jp/EFDB/
行业匹配指标	亚洲开发银行——国内生产总值	https://data.adb.org/dataset/myanmar-key-indicators

2.4　印度

（1）国家背景

印度位于南亚，三面环海，南部连接印度洋，西南与阿拉伯海相连，东南孟加拉湾，分别与巴基斯坦、中国、尼泊尔和不丹多国接壤，占据优越的地理位置。根据印度统计局截至 2021 年的人口普查预测，该国拥有 13.8 亿人口，是仅次于中国的世界人口第二大国。根据名义 GDP，印度是全球第六大经济体，2020 年印度按现价的 GDP 为 2.623 万亿美元[27]，由于其庞大的人口规模，人均 GDP 仅为 1900 美元，处于世界低收入国家水平。

印度产业结构主要依赖服务业和农业，工业占比不足三分之一。虽然其经济规模位于世界前列水平，但其工业水平与其他主要经济体之间的差距非常大，大部分工业产品都依赖进口。在国际贸易方面，印度主要从中国、美国、中东地区进口矿产品、机电产品和贵金属产品等商品，中国是印度第一大进口来源国，2019 年来源于中国的进口额占其进口总额的 14.13%[28]。2019 年印度的出口目的地遍布全球 238 个国家和地区，石油制品、钻石、药品、贵金属及载人机动车辆是其主要的出口产品，占出口总额的 30.44%。

作为世界第三大能源消费国和二氧化碳排放国，气候变化成为该国经济和社会发展的重大威胁，引起了印度政府的高度重视。印度在绿色能源的发展上取得了一定成果，该国的可再生能源装机容量已经突破 100 GW。目前印度正执行全球最大的清洁能源计划,旨在 2022 年可再生能源装机容量达到 175 GW,其中太阳能装机容量达到 100 GW。此外,印度政府大力发展清洁电力,发展乙醇,建设"绿色交通"以及发展电池储蓄技术等,承诺到 2030 年将其碳排放量较 2005 年减少 33%～35%,同时通过非化石能源发电满足该国 40%的电力需求[29]。

(2)一次能源消费结构

印度的一次能源消费结构以化石能源为主,2018 年化石能源消费占比高达 87.46%。其中,煤炭是主要的化石能源消费品种,占一次能源消费总量的 62.98%;石油产品消费占比 20.61%,以柴油和汽油为主,分别占比 8.12% 和 2.74%;天然气消费占比较低,仅为 3.87%。其次,可再生能源占一次能源消费的 12.54%,近年来保持相对稳定。此外,印度官方发布的能源平衡表没有公开生物质数据。

(3)化石能源碳排放特征

在化石能源消费所产生的碳排放中,煤炭的碳排放量占据主导地位。煤炭作为印度最主要的化石能源,所产生的二氧化碳排放量从 2010 年的 1040 Mt 增至 2018 年的 2433 Mt,但煤炭消费所产生的碳排放量占化石能源碳排放的比例呈下降趋势,从 2010 年的 75.16%降到 2018 年的 69.37%。石油产品消费所产生的排放量从 2010 年的 343.8 Mt 增长到 2018 年的 662.6 Mt,增长速度明显。其次,天然气消费导致的二氧化碳排放较少,2018 年占化石能源碳排放量的比例为 3.39%。

(4)分行业化石能源消费碳排放贡献

电力、热力、燃气和水的生产与供应是印度化石能源碳排放量最大的行业。2018 年该行业消费化石能源所产生的碳排放量为 1155.07 Mt,占印度化石能源碳排放总量的 47.47%,这一比例自 2010 年以来不断下降,从 56.16%降到 2018 年的 47.47%。紧随其后的是非金属产品制造业,在 2018 年其消费化石能源所产生的碳排放量为 475.33 Mt,占比为 19.54%,在此期间这一比例越来越大。其次是其他服务业,其化石能源碳排放量的比例在 2011 年有明显增加,此后基本保持稳定,维持在 11%左右。

(5)生物质碳排放特征

印度生物质的主要来源是农作物(小麦稻草、秸秆和树皮)残渣、动物粪便、木材。其中,印度有大面积土地尚未开发,主要利用荒地种植树木用以生物燃料生产,因此该国生物质来源主要为可持续再生资源,全生命周期具有"零碳"属性,在整体碳核算过程中,不应计入总体碳排放。目前,该国生物质数据尚未在国家官方网站和 IEA 公开,其他国际机构也未公开印度的生物质数据情况。

(6)碳排放趋势

2010—2018 年,化石能源消费产生的碳排放量从 1284.65 Mt 增长到 2433.07 Mt,增加了 89.4%。2011 年出现了化石能源碳排放的负增长,从 2010 年的 1383.6 Mt 降至 1284.6 Mt。2012—2015 年,印度的化石能源碳排放增长速度保持稳定态势,每年以约 13.05% 的速度持续增加。2016 年以后增长速度开始趋缓,年平均增长 149.44 Mt 二氧化碳。

(7) 区域间排放异质性

印度幅员辽阔,地区间的经济结构和资源禀赋有所差异,造成了各邦之间化石能源碳排放量的巨大差异。印度化石能源碳排放的空间分布特点显著,呈现中部高于西部、西部高于东部的特点。中部地区是印度工业的主要中心,集中了该国主要的电力和冶金工业,这些城市包括坎普尔这样的老工业中心,其设备相对落后,能源效率低下。此外,印度人口主要集中在中部恒河平原地区,并贡献了大量的化石能源碳排放。然而东部地区由于工业发展水平相对落后,相应地使用化石能源所产生的碳排放量较低,占化石能源碳排放总量的 0.23%。从单位 GDP 化石能源碳排放来看,西部、南部和联邦地区等更发达邦的化石能源碳排放强度较低,而北部及东部部分地区的单位 GDP 化石能源碳排放量较高,原因在于这些地区工业较多,如奥迪沙邦的钢铁产业化石能源的碳排放强度为 27.04 g/卢比。从人均化石能源碳排放来看,印度的中部地区及北部地区的人均化石能源碳排放量较少。而果阿邦等西部地区的人均化石能源碳排放量较高,一方面是因为区域人口相对较少,另一方面是该区域旅游业等服务业较为发达。印度 2018 年分区域碳排放量如表 2.4 所示。

表 2.4 印度 2018 年分区域碳排放量

区 域 名 称	二氧化碳排放量/Mt	区 域 名 称	二氧化碳排放量/Mt
Andaman and Nicobar	0.08	Puducherry	0.41
NCT of Delhi	8.19	Punjab	23.75
Goa	0.56	Rajasthan	45.60
Gujarat	85.57	Sikkim	0.07
Haryana	31.06	Tamil Nadu	72.89
Himachal Pradesh	0.80	Arunachal Pradesh	0.12
Jammu and Kashmir	0.97	Telangana	22.43
Jharkhand	30.64	Tripura	1.28
Karnataka	36.49	Uttar Pradesh	132.78
Kerala	3.82	Uttarakhand	1.19
Madhya Pradesh	88.50	West Bengal	88.39
Andhra Pradesh	80.73	Assam	3.65
Maharashtra	120.24	Bihar	29.17
Manipur	0.15	Chandigarh	0.27
Meghalaya	0.34	Chhattisgarh	111.36
Nagaland	0.10	Dadra and Nagar Haveli	0.07
Odisha	62.82	Daman and Diu	0.08

(8) 与国际数据库对比

在统一核算口径下,即不包含生物质排放时,CEADs 的化石能源碳排放数据与 CDIAC、EDGAR 和 IEA 的数据存在一定差距,然而在总体趋势上具有一致性。2014 年之前,CEADs 计算的化石能源碳排放量要低于前三个机构公布的数值。此后,CEADs 的核算数据位于 EDGAR 与 IEA 中间的范围,化石能源碳排放趋势较为一致。其中,2014 年开始,CEADs 计算的碳排放量逐渐缩小与 CDIAD 数据之间的差距。而在比较 CEADs 与 IEA 排放时,结果存在差异性。例如,2018 年 CEADs 农林渔业的碳排放量为 2.81 Mt,而 IEA 公布的数值为 34.4 Mt,二者存在差异。从结果上看,造成差距的主要原因在于统计口径的不同,CEADs 能源数据来自国家统计局发布的能源平衡表,而 IEA 的数据来源于 IEA 发布的世界能源统计,因此造成了核算结果的不同。

本书汇总了印度 2010—2018 年的能源消费和二氧化碳排放量数据,如图 2-4 所示。

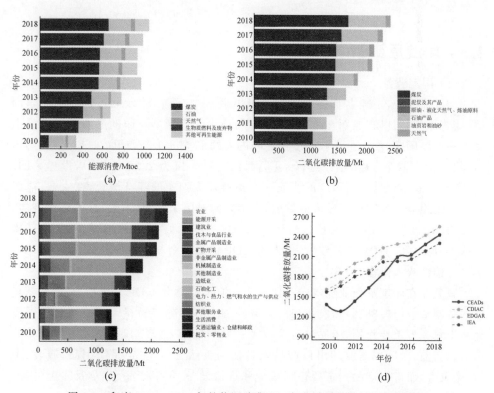

图 2-4　印度 2010—2018 年的能源消费和二氧化碳排放量(见文前彩图)
(a) 一次能源消费结构;(b) 化石能源碳排放量;(c) 分行业化石能源消费碳排放量;
(d) 与国际数据库对比

数据来源简述:印度的能源平衡表来自其国家统计局,范围覆盖了 2007—2018 年的数据,共涉及了 14 个能源品种,19 个行业。其次在分行业的匹配上,利用印度国家统计局的行业经济数据进一步划分成为 47 个行业。区域数据按照印度能源统计年鉴中的区域能源消费和印度温室气体平台的数据进行核算。表 2.5

为印度二氧化碳排放核算的数据来源。

表 2.5　印度二氧化碳排放核算的数据来源

数据类型	来　源	网　站
能源平衡表	印度国家统计局	http://mospi.gov.in/
排放因子	政府间气候变化专门委员会(IPCC)	https://www.ipcc-nggip.iges.or.jp/EFDB/
行业匹配指标	印度国家统计局——行业调查数据	http://www.csoisw.gov.in/CMS/cms/Home.aspx
国家到区域的降尺度指标	印度能源统计年鉴 印度温室气体平台(GHG Platform India)	http://mospi.nic.in/statistical-year-book-india/2018/185 http://www.ghgplatform-india.org/economy-wide

2.5　印度尼西亚

(1) 国家背景

印度尼西亚,正式名称为印度尼西亚共和国(以下简称印尼),位于亚洲东南部,横跨赤道,与巴布亚新几内亚、东帝汶和马来西亚接壤。印度尼西亚是世界上最大的群岛国家,由太平洋和印度洋之间的大约 17 508 个岛屿组成,陆地面积约为 190.4 km^2。截至 2021 年 2 月,印度尼西亚的总人口为 2.68 亿,位居世界第四。自 20 世纪 60 年代以来,印度尼西亚一直保持较为稳定的经济增长,在农业、能源开采和纺织业方面取得了较大的发展,成为东南亚国家联盟(东盟)最大的经济体。2020 年,印度尼西亚按照可比价格计算的国内生产总值为 1.06 万亿美元,全球排名第 15 位,尽管 GDP 总量较大,但人均 GDP 仍处于全球平均水平之下,在全球属于中等偏低收入国家。

服务业在印度尼西亚经济中占比最大,约占 2020 年 GDP 的 49.27%,紧随其后的是制造业(19.88%)和农业(13.70%)。此外,国际贸易在印度尼西亚的国民经济中发挥着重要作用,印尼政府采取了一系列措施来鼓励和促进制造业产品的出口。目前,印度尼西亚的出口产品除石油和天然气外,主要是纺织品、服装、木材、橡胶等,而进口产品则主要包括机械和运输设备、化工产品、汽车及零配件等,主要贸易对象为中国、日本、新加坡和美国。

在气候变化方面,印度尼西亚是世界上最大的碳排放国之一,政府承诺到 2030 年实现二氧化碳排放量比基准情景减少 29%,如果得到 60 亿美元的国际援助,将把目标提升至降低 41%[30]。印度尼西亚是亚太地区可再生能源占比最高的五个国家之一,在电力行业中,水力发电和地热发电分别贡献了约 8% 和 5% 的发电量。此外,印尼政府计划通过国家能源政策,在 2025 年使可再生能源占一次能源的比例达到 23%,到 2050 年占 31%[31]。

（2）一次能源消费结构

2018 年,印度尼西亚化石能源消费占一次能源消费结构的 95％以上,以煤炭、石油和天然气三种能源为主。其中,煤炭消费占比 42.86％,石油消费占比 36.94％,以及天然气消费占比 15.21％。此外,太阳能、风能及其他可再生能源占一次能源消费的 1.4％,生物质占一次能源消费比例达 3.5％。

（3）化石能源碳排放特征

在化石能源消费产生的碳排放中,除 2010 年和 2014 年外,煤炭一直是印度尼西亚最大的化石能源碳排放源,在 2018 年中占化石能源碳排放量的 56.3％。石油是印度尼西亚的第二大化石能源碳排放源,在 2010 年和 2014 年产生的碳排放量一度超过煤炭,但自 2015 年以来,石油消费大幅减少,其产生的碳排放量也随之减少。此外,在印度尼西亚,天然气消费也产生了一定量的碳排放量,每年约占化石能源碳排放量的 10％。

（4）分行业化石能源消费碳排放贡献

2010—2018 年,电力、热力、燃气和水的生产与供应行业一直是印度尼西亚产生化石能源碳排放最多的行业。如在 2018 年该行业使用化石能源所产生的二氧化碳排放量占化石能源碳排放总量的 49.5％以上。交通运输业、仓储和邮政以及生活消费行业紧随其后,2018 年分别占该国化石能源碳排放总量的 13.5％ 和 11.5％。

（5）区域间排放异质性

印度尼西亚的化石能源碳排放呈显著区域差异,且化石能源碳排放与区域的经济发展程度大体相一致。以 2018 年为例,该国的化石能源碳排放主要集中在西南部的爪哇岛,该岛不仅有化石能源碳排放量最高的 3 个省份(西爪哇、雅加达和东爪哇),也是全球人口密度最高的岛屿之一。西部的苏门答腊岛的北苏门答腊省和廖内省的化石能源所产生的碳排放量仅次于西南部爪哇岛上的省份,占该国化石能源碳排放的 7.1％。相比之下,化石能源碳排放量较低的地区主要在印度尼西亚东部。印度尼西亚 2018 年分区域碳排放量如表 2.6 所示。

表 2.6　印度尼西亚 2018 年分区域碳排放量

区 域 名 称	二氧化碳排放量/Mt	区 域 名 称	二氧化碳排放量/Mt
Aceh	6.13	Lampung	12.07
Jakarta Raya	89.56	Maluku	1.65
Jawa Timur	84.92	North Kalimantan	2.64
Kalimantan Timur	28.89	Maluku Utara	1.35
Nusa Tenggara Timur	3.86	Bali	15.34
Gorontalo	0.99	Sulawesi Utara	4.50
Jambi	4.42	Sumatera Utara	23.07

续表

区 域 名 称	二氧化碳排放量/Mt	区 域 名 称	二氧化碳排放量/Mt
Papua	5.50	Nusa Tenggara Barat	4.82
Riau	21.84	Papua Barat	3.63
Kepulauan Riau	13.80	Sulawesi Barat	0.92
Sulawesi Tenggara	3.01	Sumatera Barat	10.15
Kalimantan Selatan	8.39	Banten	54.20
Sulawesi Selatan	13.14	Bengkulu	2.31
Sumatera Selatan	18.82	Jawa Tengah	53.24
Jawa Barat	111.97	Kalimantan Tengah	4.56
Bangka Belitung	2.99	Sulawesi Tengah	3.50
Kalimantan Barat	7.12	Yogyakarta	6.50

（6）生物质碳排放特征

2018年，印度尼西亚生物质占一次能源消费结构的3.5%，主要用于生活消费和建筑业。该国生物质种类主要是橡胶木废料、棕榈油渣等。由于印度尼西亚生物质来源主要为可持续再生资源，全生命周期具有"零碳"属性，在整体碳核算过程中，不应计入总体碳排放。

（7）碳排放趋势

2010—2012年，印度尼西亚化石能源消费产生的二氧化碳排放量迅速增加，从426.5 Mt增加到573.5 Mt。增长了34.5%。此后，化石能源消费产生的二氧化碳出现小幅波动，2012—2015年呈下降趋势，减少了11.4%；2015—2018年化石能源二氧化碳排放量从508.1 Mt增至629.8 Mt。

（8）与国际数据库对比

在统一核算口径下，即不包含生物质排放时，各个机构的化石能源碳排放量核算结果在趋势上大致是相同的。CEADs的数据与CDIAC的结果排放趋势几乎完全吻合，在数据上具有相似的起点，然而2012年后差距逐渐开始拉大。在比较CEADs与IEA的统计数据时，数值差距较大，平均相差超过70 Mt。造成差距的主要原因在于数据来源的差异，进而造成了核算结果的不同。CEADs的能源平衡表数据来自印度尼西亚国家统计局（Badan Pusat Statistik，BPS），而IEA的主要数据来源为印尼能源与矿产资源部（Indonesia Energy and Mineral Resources，ESDM）、印尼国家统计局（BPS）、印尼农业部和印尼国家电力公司（Perusahaan Listrik Negara，PTPLN）。

本书汇总了印度尼西亚2018年分区域碳排放量数据，如图2-5所示。

数据来源简述：印度尼西亚的能源平衡表数据来自印度尼西亚国家统计局，

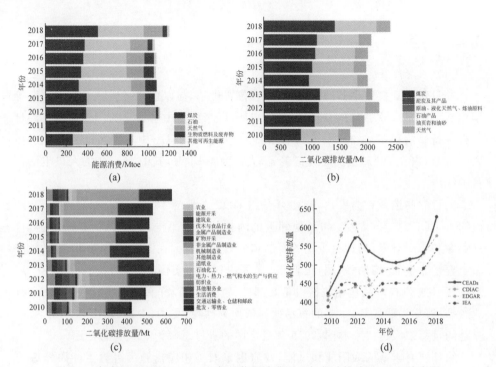

图 2-5　印度尼西亚 2010—2018 年的能源消费和二氧化碳排放量（见文前彩图）

（a）一次能源消费结构；（b）化石能源碳排放量；（c）分行业化石能源消费碳排放量；

（d）与国际数据库对比

包含 12 种能源类型与 17 个行业的能源消费，时间序列为 2010—2018 年。本研究中采用的行业匹配指标与国家到区域的降尺度指标均为 CEIC 数据库的增加值。表 2.7 为印度尼西亚二氧化碳排放核算的数据来源。

表 2.7　印度尼西亚二氧化碳排放核算的数据来源

数据类型	来　源	网　站
能量平衡表	印度尼西亚国家统计局	https://www.bps.go.id/
排放因子	政府间气候变化专门委员会（IPCC）	https://www.ipcc-nggip.iges.or.jp/EFDB/
行业匹配指标	增加值，CEIC 数据库	https://www.ceicdata.com/zh-hans/products/global-economic-database
国家到区域的降尺度指标	增加值，CEIC 数据库	https://www.ceicdata.com/zh-hans/products/global-economic-database

2.6 约旦

（1）国家背景

约旦位于阿拉伯半岛的西北部,地理位置优越,与以色列、巴勒斯坦、叙利亚等国相邻,处于亚、欧、非三大洲的交汇处,自古以来就是中东贸易的主要通道。约旦一直保持政治稳定,享有"中东和平绿洲"的美誉。约旦是中东地区最小的经济体之一,2019 年 GDP 总量为 444 亿美元,人口为 1031 万,其中 15.7% 的人口生活在贫困线以下。

约旦的制造业较为发达,2019 年约占 GDP 总量的 19%；农业相对薄弱,其产值约占 GDP 总量的 6%。与其他邻近的阿拉伯国家不同,它是一个非产油国,自然资源和矿产有限,只拥有少量的石油和天然气储量。在国际贸易方面,其出口产品主要是非金属、炼油、水泥、化肥等；主要出口国为美国、沙特阿拉伯、伊拉克等。2019 年主要进口产品包括机械设备及部件、轨道车辆及配件、电机设备及部件、石油产品、液化天然气等,主要的贸易伙伴依次为沙特、美国、中国、印度等。其中,中国是约旦第二大进口来源国,2019 年自中国的进口总额为 30.89 亿美元。

约旦拥有丰富的太阳能和风能,政府也采取了相应措施为可再生能源领域的投资提供便利。包括设立新能源基金,支持可再生能源的基础设施建设,计划投入建成总容量 1.0 GW 的太阳能发电和风力发电装备；提供税收优惠和海关豁免；通过《可再生能源法》,对某些领域的可再生能源建设给予 10 年的全额免税[32]。此外,约旦能源部于 2020 年发布了《2020—2030 年能源战略》,旨在提高能源形式多样化,通过加强国家能源效率立法和执行计划来提高能源效率[33]。

（2）一次能源消费结构

2018 年,约旦化石能源消费占一次能源消费结构的 94.52%,以天然气和石油产品为主,煤炭消费较少。其中,石油消费占比 51.30%,天然气消费占比 39.79%,煤炭消费占比 3.43%。此外,水能、太阳能及其他可再生能源占一次能源消费的 4.65%；生物质占一次能源消费比例达 0.83%。

（3）化石能源碳排放特征

约旦石油和天然气消费所产生的二氧化碳排放占据主导地位。石油产品作为约旦最主要的化石能源,2018 年其消费产生碳排放量 13.22 Mt,占化石能源碳排放量的 55.83%。天然气消费所产生的碳排放量从 2010 年的 20.22 Mt 增长到 2018 年的 23.68 Mt,增长速度明显。

（4）分行业化石能源消费碳排放贡献

约旦最大的化石能源碳排放来源于电力、热力、燃气和水的生产和供应行业。2018 年,该行业消费化石能源所产生的碳排放量为 9.66 Mt,占约旦化石能源碳排放总量的 40.77%，但这一比例自 2014 年以来持续下降。主要是由于约旦哈希姆政府和国家电力公司 NEPCO 与利维坦天然气田签署了购买协议，利维坦天然气田开始每年向约旦提供 1.5×10^{11} m³ 的天然气来取代石油发电。紧随其后的是交通运输业、仓储和邮政，这是约旦近年来的第二大化石能源碳排放行业，在 2018 年占化石能源碳排放总量的 37.91%，主要使用柴油、汽油、燃油。生活消费是第三大化石能源碳排放行业，2018 年占化石能源碳排放总量的 6.54%。

（5）生物质碳排放特征

2018 年约旦的生物质能占一次能源消费结构的 0.87%，主要用于家庭行业和服务行业。生物质种类主要包括农业残余（谷物、水果、蔬菜残余）、动物粪便以及市政固体垃圾[34-35]。由于约旦生物质来源主要为可持续再生资源，全生命周期具有"零碳"属性，在整体碳核算过程中，不应计入总体碳排放。

（6）碳排放趋势

总体上，2010—2018 年，化石能源消费所产生的碳排放量增加了 17.14%，从 20.22 Mt 增至 2018 年的 23.68 Mt。具体地，在 2011 年，约旦的化石能源消费产生的二氧化碳排放有小幅下降，为 20 Mt，2012—2017 年呈现增长态势，增长到 2017 年的 25.85 Mt，2018 年又有小幅下降，降到 23.68 Mt。

（7）与国际数据库对比

在统一核算口径下，即不包含生物质排放时，从趋势上看，各机构的化石能源碳排放核算结果大致是相同的，核算方法和基础的差异使得结果有所不同。EDGAR 与 CEADs 的数据具有相似的起点，但之间的差距逐年拉大。CEADs 与 IEA 在化石能源碳排放总量上的差距不是很明显，在 5% 左右。在比较 CEADs 与 IEA 行业碳排放时，结果存在差异。例如，2018 年 CEADs 制造业和建筑业的碳排放量为 2.45 Mt，而 IEA 的数据为 1.62 Mt，存在 33.88% 的差距。从结果来看，造成差异的主要原因有两个，一是排放因子，CEADs 具有更为详细的能源分类，而 IEA 对能源品种的统计口径比较粗糙；二是各行业的能源消耗数据，如 IEA 在统计上缺失农业能源使用数据，其他未分类行业的数据与官方发布的能源平衡表存在差异，因此造成了核算结果的不同。

本书汇总了约旦 2010—2018 年的能源消费和二氧化碳排放量数据，如图 2-6 所示。

数据来源简述：约旦的能源平衡表均来自能源与矿产资源部，范围覆盖了 2010—2018 年的数据，共涉及 13 个能源品种，6 个行业。其中在分行业匹配上，我们采用约旦国家统计局公布的工业的产出数据以及农业、服务业和建筑业的生产总值作为分配基础，对行业进行降尺度匹配，分配到 47 个行业。此外，由于缺乏区域的相关数据，约旦暂无分区域的碳排放数据。表 2.8 为约旦二氧化碳排放核算的数据来源。

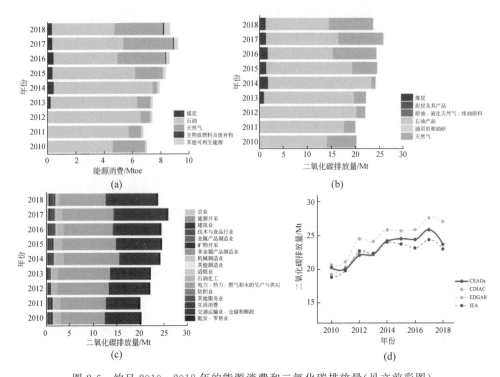

图 2-6　约旦 2010—2018 年的能源消费和二氧化碳排放量(见文前彩图)

(a) 一次能源消费结构；(b) 化石能源碳排放量；(c) 分行业化石能源消费碳排放量；(d) 与国际数据库对比

表 2.8　约旦二氧化碳排放核算的数据来源

数 据 类 型	来　　　源	网　　　站
能源平衡表	能源和矿产资源部	https://www.memr.gov.jo/Default/Ar
排放因子	政府间气候变化专门委员会(IPCC)	https://www.ipcc-nggip.iges.or.jp/EFDB/
行业匹配指标	约旦统计局(工业)	http://jorinfo.dos.gov.jo/Databank/pxweb/ar/DOS_Database/START__10__1001__1101/FIN_T1/
	约旦统计局(农业、服务业和建筑业)	http://jorinfo.dos.gov.jo/Databank/pxweb/ar/NationalAccount/

2.7　蒙古国

(1) 国家背景

　　蒙古国(以下简称蒙古)是东亚的一个内陆国家,位于中国和俄罗斯之间。鉴于其特殊的地理位置,蒙古在国际合作中发挥着重要的桥梁作用。该国占地 $1.57 \times 10^6 \text{ km}^2$,是仅次于哈萨克斯坦的第二大内陆国家。在经济增长上,蒙古作为亚洲乃至世界经济增速最快的国家之一,2020年按照现价GDP总量达到131.37亿美元,拥有320万人口,人均GDP略超过4000美元,在全球属于中等偏低收入国家。

蒙古的经济结构在很大程度上依赖农业和采矿业。作为世界上人口最稀少的国家之一,畜牧业是蒙古最主要的经济活动,2020年畜牧业产值占国民生产总值的12.97%,采矿业产值占国民总产值的23.29%,其中矿产品出口占全国总出口的70%,呈现逐年增长的趋势。近年来,非油气矿产的出口带来了蒙古经济的稳定增长。蒙古拥有丰富的自然资源,包括煤炭、原油、金属等。在国际贸易方面,其主要进口产品是机电商品及零配件、公路、航空及水路运输工具、钢材及制品等,中国是蒙古贸易往来最密切的国家。

为了减少温室气体排放,蒙古在可再生能源方面制定了相关的政策,提出到2023年,可再生能源占能源总量的比例达到20%,到2030年将达到30%[36]。在发电行业,提升风力发电的占比,蒙古政府的目标是在2023年可再生能源取代20%的电力生产,2030年可再生能源比例进一步增加,提高到30%,年电力生产量达到1260 GW[37-38]。

(2) 一次能源消费结构

2018年,蒙古化石能源消费占一次能源消费结构的99.05%,以煤炭和石油产品为主,几乎没有天然气的消费。其中,煤炭消费占比66.05%,石油消费占比33.00%。此外,水能、太阳能及其他可再生能源占一次能源消费的0.95%。

(3) 分行业化石能源消费碳排放贡献

电力、热力、燃气和水的生产与供应是蒙古化石能源碳排放最大的行业。2018年,该行业消费化石能源产生的碳排放量为9.86 Mt,占蒙古化石能源碳排放总量的62.68%。其次是交通运输业、仓储和邮政,主要使用汽油进行陆路运输,占化石能源碳排放总量的13.51%。其他服务业和生活消费行业紧随其后,分别贡献了6.45%和5.89%的化石能源碳排放量。2010—2018年,其他服务业和生活消费行业的化石能源碳排放量占比基本保持不变。

(4) 区域间排放异质性

蒙古的化石能源碳排放水平与经济发展相吻合。首都乌兰巴托不仅是人口最密集的区域,也是该国化石能源碳排放最高的地区。该国绝大部分的生产经济活动都集中在乌兰巴托,2018年消费化石能源产生碳排放量12.08 Mt,占该国化石能源碳排放总量的76.77%。以首都乌兰巴托为中心的3个省(达尔汗乌勒省、鄂尔浑省和色楞格省)同样也是高碳排放地区,使用化石能源所产生的碳排放量分别为0.44 Mt、0.42 Mt和0.39 Mt,分别占该国化石能源碳排放量的2.80%、2.70%和2.46%。此外,东部地区的南戈壁省是另外一个高排放地区,贡献化石能源碳排放量的1.61%。排放最多的前5个省市具有人口分布密集和交通便利的城市特征,其碳排放模式总体相同,电力生产和供应是主要的工业结构,而蒙古西部和南部地区经济和城市化发展水平较低,化石能源碳排放贡献比例较小,贡献不足10%。

蒙古 2018 年分区域碳排放量如表 2.9 所示。

表 2.9 蒙古 2018 年分区域碳排放量

区 域 名 称	二氧化碳排放量/Mt	区 域 名 称	二氧化碳排放量/Mt
Bayan-Ölgiy	0.15	Govi-Altay	0.07
Övörhangay	0.15	Sühbaatar	0.18
Hövsgöl	0.09	Hentiy	0.10
Govisümber	0.01	Ulaanbaatar	12.08
Darhan-Uul	0.44	Dzavhan	0.13
Dornogovi	0.15	Uvs	0.12
Dundgovi	0.07	Hovd	0.11
Ömnögovi	0.25	Arhangay	0.08
Selenge	0.39	Bayanhongor	0.10
Töv	0.12	Bulgan	0.08
Dornod	0.44	Orhon	0.42

（5）生物质碳排放特征

草原覆盖蒙古大约 80% 的面积，因此牧草是其主要的生物质来源。然而，目前缺乏对牧草生物质的准确核算，在能源平衡表与 IEA 数据中都未有公布，其他国际机构也未披露蒙古的生物质数据。

（6）碳排放趋势

蒙古的化石能源碳排放量总体呈上升趋势。2010—2018 年，化石能源消费产生的二氧化碳排放量增加了 48.48%，从 10.60 Mt 增至 2018 年的 15.74 Mt。2013—2015 年出现小幅波动，碳排放量出现了缓慢下降的现象，主要是由于对采矿业的严格监管，在 2015 年达到碳排放量最低值。即在 2013 年化石能源碳排放量达到了最高值 13.03 Mt，此后由于经济发展的放缓，2014 年和 2015 年的化石能源碳排放量分别下降了 1.74% 和 3.18%。

（7）与国际数据库对比

在统一核算口径下，即不包含生物质排放时，CEADs 核算的蒙古化石能源碳排放量与其他国际机构的数据在趋势上具有一致性，然而在数据上存在一定的差异。其中，EDGAR 与 IEA 发布的数据差异较小，仅有不足 2% 的细微差距，而 CEADs 核算的数值相对较低，且之间的差距逐年拉大。2018 年 EDGAR 统计的数值出现激增，从行业上看，电力供应业有明显的增长幅度。CEADs 与 IEA 的统计数据相比，平均每年有 25% 左右的差距，主要体现在电力行业。其中 CEADs 核算的电力供应行业使用的化石能源在 2018 年排放了 9.86 Mt 二氧化碳，IEA 公布的数据为 14 Mt，具有 29.6% 的差距。从结果上看，造成差异的主要原因是各机构对于电力供应行业的能源消费数据的统计口径有一定的差异，造成了电力供应行业的化石能源碳排放量之间的差距。

本书汇总了蒙古国 2010—2018 年的能源消费和二氧化碳排放量数据,如图 2-7 所示。

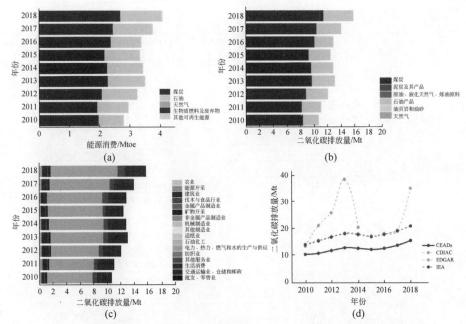

图 2-7 蒙古国 2010—2018 年的能源消费和二氧化碳排放量(见文前彩图)
(a) 一次能源消费结构;(b) 化石能源碳排放量;(c) 分行业化石能源消费碳排放量;
(d) 与国际数据库对比

数据来源简述:蒙古国的 2011—2018 年的能源平衡表来自其国家统计局,数据来源真实可靠。其官方发布了煤炭的能源平衡,石油产品的平衡根据 IEA 的数据后续进行了补充。能源平衡表中共分成 7 个行业,根据工业的产出数据和城乡的人口数据进一步降尺度分配到 47 个行业;蒙古国共有 22 个省,其中各省均发布每年详细的工业产出值以及各省的城乡人口数,农业、交通运输业、商业以及建筑业的生产总值来源于国家统计年鉴,以此来进行区域的降尺度划分。表 2.10 为蒙古二氧化碳排放核算的数据来源。

表 2.10 蒙古二氧化碳排放核算的数据来源

数据类型	来 源	网 站
能源平衡表	蒙古国家统计局	https://www.1212.mn/Stat.aspx? LIST_ID=976_L11&type=tables
排放因子	政府间气候变化专门委员会(IPCC)	https://www.ipcc-nggip.iges.or.jp/EFDB/
行业匹配指标	工业和建筑业——工业的销售生产	https://www.1212.mn/Stat.aspx? LIST_ID=976_L11&type=tables
	家庭	https://www.1212.mn/Stat.aspx? LIST_ID=976_L03&type=tables

续表

数据类型	来　源	网　站
国家到区域的降尺度指标	乌兰巴托统计局	http://ubstat. mn/Statistics
	鄂尔浑省统计局	https://orkhon. nso. mn/page/614
	达尔汗乌勒省统计局	https://darkhan-uul. nso. mn/page/1298
	肯特省统计局	http://www. khentii. nso. mn/page/1132
	库苏古尔省统计局	https://khuvsgul. nso. mn/page/726
	科布多统计局	https://khovd. nso. mn/page/651
	乌布苏省统计局	https://uvs. nso. mn/page/156
	中央省统计局	https://tuv. nso. mn/page/919
	色楞格省统计局	https://selenge. nso. mn/page/778
	苏赫巴托尔省统计局	https://sukhbaatar. nso. mn/page/295
	南戈壁省统计局	https://umnugovi. nso. mn/page/1321
	前杭爱省统计局	https://uvurkhangai. nso. mn/page/94
	扎布汗省统计局	https://zavkhan. nso. mn/page/637
	中戈壁省统计局	http://dundgovi. nso. mn/page/645
	东方省统计局	https://dornod. nso. mn/page/276
	戈壁苏木贝尔省统计局	http://govisumber. nso. mn/page/674
	戈壁阿尔泰省统计局	https://govi-altai. nso. mn/page/1244
	布尔干州统计局	https://bulgan. nso. mn/page/853
	巴彦洪戈尔省统计局	http://bayankhongor. nso. mn/page/122
	巴彦乌尔盖省统计局	https://bayan-ulgii. nso. mn/page/333
	后杭爱省统计局	https://arkhangai. nso. mn/page/1359
	东戈壁省统计局	https://dornogovi. nso. mn/

2.8　泰国

（1）国家背景

泰国位于东南亚的中南半岛上,处于东南亚区域的中心位置,是通往印度、缅甸和中国南部的天然门户。泰国的总人口接近 7000 万,在东南亚国家中排名第四[39]。在过去的几十年里,泰国的经济发展取得了巨大的进步。2019 年,国内生产总值达到 5430 亿美元(现价)[40]。

泰国被认为是一个混合型的经济体,该国主要经济行业是工业、旅游业、服务业和自然资源[41]。在国际贸易方面,2018 年泰国的前三大出口商品是机械零件、汽车、集成电路。这些产品主要输出地是中国、美国和日本。原油、集成电路和黄金是泰国最重要的进口商品。这些商品通常来自中国、日本和马来西亚[42]。近年来,泰国的最终能源消费稳步增长,在 2019 年达到 85.708 Mtoe。石油产品占 2019 年泰国能源消费总量的 49.1%,也是所有燃料类型中占比最大的能源。

泰国一直致力于推动和支持能源发展,尤其在可再生能源和能源效率方面。泰国政府推动太阳能、风能、地热能、水力发电等可再生能源的发展,减少对以天然气为主的化石能源的使用,进而减缓对环境的影响。为应对气候变化和能源安全,泰国政府计划在 2030 年将温室气体排放量减少 20%,如获得国际支持,与 2005 年的水平相比,可将下降比例提高到 25%[43]。在可再生能源方面,泰国政府设立了到 2037 年实现可再生能源在总能源消费占比达到 30% 的目标,加大对智能电网的投资,在 2036 年投资大约 64 亿美元,加强电网的韧性,从而减少碳排放总量[44]。

（2）一次能源消费结构

2018 年,泰国化石能源消费占一次能源消费结构的 79.22%,以石油为主。其中,石油消费占一次能源消费的 37.7%,天然气消费占比 28.5%,煤炭消费占比 13.0%。此外,水能、太阳能及其他可再生能源占一次能源消费的 1.1%,生物质占一次能源消费比例达 19.7%。

（3）化石能源碳排放特征

在化石能源消费所产生的碳排放中,石油产品贡献最大,2018 年其消费产生二氧化碳排放量 123.86 Mt,占化石能源碳排放量的 48%。天然气消费所产生的碳排放量也比较稳定,占化石能源碳排放量的比例从 2010 年的 29.1% 上升到 2018 年的 29.3%,存在小幅上升的趋势。相比之下,煤炭消费所产生的碳排放量占化石能源碳排放量的比例呈现下降态势,从 2010 年的 24.4% 降到 2018 年的 22.7%。

（4）分行业化石能源消费碳排放贡献

泰国化石能源消费产生的二氧化碳排放量最多的行业是电力、热力、燃气和水的生产与供应行业,该行业消费化石能源所产生的碳排放量从 2010 年的 83.64 Mt 增加到 2018 年的 93.93 Mt,其占化石能源碳排放总量的比例从 38.1% 略微降到 35.9%。泰国化石能源碳排放的第二大行业是交通运输、仓储和邮政。尽管其占化石能源碳排放总量的比例呈现波动,但总体上略有增加,从 2010 年的 33.9% 增加到 2018 年的 38.1%。在此期间,其他制造业消费化石能源产生的碳排放占化石能源碳排放总量的比例从 19.6% 上升到 20%。

（5）生物质碳排放特征

2018 年,生物质占一次能源消费结构的 19.7% 左右,主要用于电力、热力、燃气与水的生产与供应、生活消费和其他制造业等行业。泰国有许多种生物质,按照其可持续性可分为稻壳、甘蔗渣、农业废弃物等可持续性生物质,通过可持续性生物质加工得到的包括沼气、生物乙醇、生物柴油在内的二次能源;非可持续性生物质,包括柴薪以及木柴加工过程中产生的黑液和残余气体。由于可持续再生资源的全生命周期具有“零碳”属性,在整体碳核算过程中,不应计入总体碳排放。就非可持续性生物质排放而言,该部分在整体碳核算过程中,应当计入总体碳排放中。柴薪消费产生的碳排放量由 2010 年的 31.74 Mt 降至 2018 年的 20.26 Mt。

（6）碳排放趋势

2010—2018 年,化石能源消费产生的二氧化碳排放量增加了 17.5%,从 219.56 Mt 增至 2018 年的 258.01 Mt。在此期间,生物质消费产生的二氧化碳排放量从 31.74 Mt 降到 20.26 Mt。

（7）与国际数据库对比

在统一核算口径下,即不包含生物质排放时,CEADs 核算的泰国化石能源碳排放量与其他机构的统计数据尽管有相似的趋势,但不同机构的数值是不同的。即 CEADs 的统计结果与 IEA 的数据有相似的起点,但它们的差距在逐年增加,在比较 CEADs 和 IEA 的行业使用化石能源所产生的碳排放量时存在差异。例如,2018 年 CEADs 的交通行业碳排放量为 74.44 Mt,而 IEA 的数据为 75.88 Mt,存在 1.9％的差距。从排放因子来看,CEADs 数据有更为详细的能源分类,如每种石油产品都有相应的排放因子,而按照 IEA 的统计口径把石油产品仅归为一类。因此,IEA 采用的排放因子与 CEADs 采用的排放因子不同,导致了数据的差异。此外,CEADs 与 IEA 所采用的能源消耗数据之间存在着差距,如在运输行业,CEADs 采用的能源数据包括国内和国际所有的航空燃料。然而 IEA 的数据则分别计算了国内和国际航班的燃料消耗,导致了燃料统计数据的差异,进而造成 IEA 和 CEADs 之间行业排放量的差异。此外,CDIAC 数据和 EDGAR 数据明显高于 CEADs 的统计结果。

IEA、EDGAR 和 CDIAC 等机构的统计数据不包含生物质排放数据,当包含柴薪等生物质消费所产生的二氧化碳时,2018 年 CEADs 核算的二氧化碳排放数据为 278.27 Mt。

本书汇总了泰国 2010—2018 年的能源消费和二氧化碳排放量数据,如图 2-8 所示。

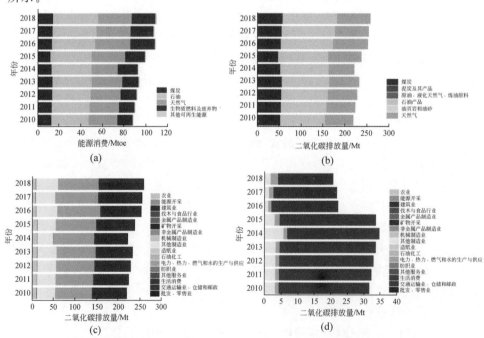

图 2-8　泰国 2010—2018 年的能源消费和二氧化碳排放量(见文前彩图)
(a) 一次能源消费结构；(b) 化石能源碳排放量；(c) 分行业化石能源消费碳排放量；
(d) 生物质碳排放量；(e) 与国际数据库对比

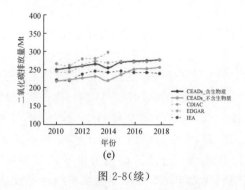

图 2-8(续)

数据来源简述：本书所用能源数据来自泰国能源部提供的 2013—2019 年能源平衡表。据统计，共有 47 种能源消耗量，其中化石燃料共有 40 种。化石燃料的主要类型包括煤炭、原油和 NGL、石油产品和生物质。这些能源消耗在 7 个主要行业，即农业、采矿、制造、建筑、住宅、商业和运输。为了将 3 个主要行业进一步细化为 47 个行业，使用了来自亚洲开发银行的泰国 GDP 数据。表 2.11 为泰国二氧化碳排放核算的数据来源。

表 2.11 泰国二氧化碳排放核算的数据来源

数 据 类 型	来 源	网 站
能源平衡表	泰国能源部	https://www.dede.go.th/ewt_news.php?nid=47340
排放因子	政府间气候变化专门委员会(IPCC)	https://www.ipcc-nggip.iges.or.jp/EFDB/
行业匹配指标	亚洲开发银行——国内生产总值	https://data.adb.org/dataset/thailand-key-indicators

2.9 土耳其

（1）国家背景

土耳其是一个横跨欧亚两洲的国家，北临黑海，南临地中海，西临爱琴海，同时与叙利亚、希腊、格鲁吉亚等国家接壤，在地理位置和地缘政治战略上具有重要意义，是连接欧亚的十字路口。作为新兴的工业化国家，其 2020 年国内生产总值按现行价格计算为 7201 亿美元，全球经济排名第 17 位。根据其统计局最新统计的人口数据，2021 年土耳其人口为 8631.19 万，人均 GDP 达 8538 美元。

旅游业是土耳其的经济支柱产业，2020 年占 GDP 总量的比例达 54.64%。土耳其的工业门类比较齐全，贡献了 GDP 总量的 19.1%，其中冶金工业、纺织工业、皮革工业是工业领域的突出行业。在国际贸易方面，2020 年土耳其总出口额达到 1695 美元，汽车出口位列第一，达到 22.1 亿美元，占总出口额的 13%，其次机械及电子产品分别贡献 9.9％和 5.5％。土耳其主要的进口品包括石油产品、贵金属等,主要的贸易伙伴依次是中国、德国、俄罗斯等,其中中国是其最大的贸易伙伴。

土耳其极易受到自然灾害的影响,气候变化成为其国家经济和社会发展的重大威胁。土耳其《第十一个发展计划(2019—2023)》再一次强调了环境问题的重要性,包括气候变化、清洁生产、废物管理及可再生能源的利用和发展[45]。其中,土耳其拥有丰富的可再生能源,水电已得到了充分开发,约占全国电力供应的五分之一,该国目标是在 2023 年达到三分之二的电力供应来自可再生能源[46]。此外土耳其政府承诺提高能源利用效率,到 2030 年将温室气体排放量减少 21％,同时,太阳能发电量增加到 10 GW,风能发电量增加到 16 GW[47]。

（2）一次能源消费结构

2018 年,土耳其化石能源消费占一次能源消费结构的 75.69％,主要以石油和天然气为主。其中,石油消费占比 30.61％,天然气消费占比 20.25％,煤炭消费占比 14.7％。此外,太阳能、地热能及其他可再生能源占一次能源消费的 22.8％,生物质占一次能源消费的比例仅为 1.5％。

（3）化石能源碳排放特征

土耳其的化石能源碳排放主要来源于煤炭消费。煤炭作为该国最主要的化石能源,2018 年其消费产生碳排放量 172.14 Mt,占化石能源碳排放量的 45.8％。石油产品消费所产生的二氧化碳达到 112.78 Mt,占化石能源碳排放量的 30％。其次是天然气消费导致的二氧化碳排放,占化石能源碳排放量的 24.19％。

（4）分行业化石能源消费碳排放贡献

电力、热力、燃气和水的生产与供应是土耳其化石能源碳排放最大的行业,2018 年,该行业消费化石能源所产生的碳排放量为 156.42 Mt,占土耳其化石能源碳排放总量的 41.62％。紧随其后的是交通运输业、仓储和邮政,在 2018 年该行业消费化石能源所产生的碳排放量占化石能源碳排放总量的 22.93％。最后是生活消费行业,2018 年,该行业消费化石能源产生了 37.4 Mt 碳排放量,占化石能源碳排放总量的 9.95％。

（5）区域间排放异质性

土耳其化石能源碳排放的空间分布特点明显,与人口分布和经济发展程度高度吻合。该国化石能源碳排放量前三的城市分别是伊斯坦布尔、伊兹密尔和安卡拉,2018 年分别排放二氧化碳 144 Mt、24.24 Mt 和 19.95 Mt,占该国化石能源碳排放总量的 38.31％、6.45％和 5.31％。其中,伊斯坦布尔是土耳其的经济文化中心,也是欧洲人口最多的城市,2020 年人口为 1550 万人。安卡拉和伊兹密尔分别是土耳其的第二和第三大城市,作为该国经济、人口集中区域,是最主要的碳排放区域。土耳其 2018 年分区域碳排放量如表 2.12 所示。

表 2.12　土耳其 2018 年分区域碳排放量

区 域 名 称	二氧化碳排放量/Mt	区 域 名 称	二氧化碳排放量/Mt
Adana	6.38	Mardin	2.42
Balikesir	3.05	Mugla	2.40
Bilecik	0.53	Mus	0.60
Bingöl	0.46	Amasya	0.75
Bitlis	0.53	Nevsehir	0.58
Bolu	0.75	Nigde	0.69
Burdur	0.76	Ordu	1.65
Bursa	20.89	Rize	0.83
Çanakkale	1.20	Sakarya	9.44
Çankiri	0.63	Samsun	3.18
Çorum	1.90	Siirt	0.51
Adiyaman	1.09	Sinop	0.44
Denizli	5.93	Sivas	1.26
Diyarbakir	2.85	Tekirdag	4.36
Edirne	0.84	Ankara	19.95
Elazığ	1.32	Tokat	1.11
Erzincan	0.43	Trabzon	2.86
Erzurum	1.28	Tunceli	0.17
Eskisehir	2.97	Sanliurfa	2.91
Gaziantep	12.71	Usak	0.98
Giresun	1.03	Van	1.68
Gümüshane	0.34	Yozgat	0.74
Afyon	1.74	Zinguldak	1.72
Hakkari	0.53	Aksaray	0.82
Hatay	6.55	Bayburt	0.15
Isparta	1.05	Antalya	6.31
Mersin	6.83	Karaman	0.84
Istanbul	144.00	Kinkkale	0.52
Izmir	24.24	Batman	0.93
Kars	0.46	Sirnak	1.31
Kastamonu	0.87	Bartın	0.41
Kayseri	5.48	Ardahan	0.17
Kirklareli	0.91	Iğdır	0.43
Agri	0.81	Yalova	0.85
Kirsehir	0.72	Karabük	0.94
Kocaeli	15.38	Kilis	0.35
Konya	6.08	Artvin	0.39
Kütahya	1.33	Osmaniye	1.24
Malatya	1.65	Düzce	0.82
Manisa	5.57	Aydin	2.92
K. Maras	3.13		

（6）生物质碳排放特征

2018年，土耳其的生物质能约占一次能源消费结构的1.5%，主要用于生活消费。生物质种类主要包括废弃木材（木头、树皮、枯树）、农业残渣、动物粪便以及城市固体废弃物[48]。由于土耳其生物质来源主要为可持续再生资源，全生命周期具有"零碳"属性，在整体碳核算过程中，不应将生物质能源计入总体碳排放。

（7）碳排放趋势

2010—2017年，土耳其化石能源消费所产生的二氧化碳排放量呈现上升态势，从282.55 Mt增至382.31 Mt。相较于2017年，土耳其在2018年的化石能源碳排放量下降了1.7%，为375.82 Mt。

（8）与国际数据库对比

在统一核算口径下，即不包含生物质排放时，从趋势上看，CEADs核算的土耳其化石能源碳排放量与各个机构的核算结果大致是相同的，具有细微的差距。CEADs核算结果高于IEA的统计数据，误差在0.45%左右。结果差异具体可能体现在一些排放因子和能源分类上，CEADs具有更为详细的能源分类，而IEA对能源品种的统计口径比较模糊；IEA使用的是IPCC的排放因子，而CEADs使用的排放因子是土耳其统计局单独发布的。同时，CEADs的核算数据也高于CDIAC的统计数据，低于EDGAR的数据。

本书汇总了土耳其2010—2018年的能源消费和二氧化碳排放量数据，如图2-9所示。

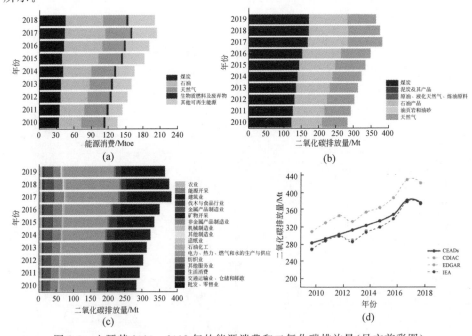

图2-9　土耳其2010—2018年的能源消费和二氧化碳排放量（见文前彩图）
（a）一次能源消费结构；（b）化石能源碳排放量；（c）分行业化石能源消费碳排放量；
（d）与国际数据库对比

数据来源简述：土耳其的能源平衡表均来自世界能源理事会土耳其国家委员会，范围覆盖了 2010—2018 年的数据，共涉及 29 个能源品种，36 个行业。其中在分行业匹配上，本书采用工业出口的经济数据将 36 个行业分配到 47 个行业。通过各省的人口数据，将国家级数据降尺度到区域级。表 2.13 为土耳其二氧化碳排放核算的数据来源。

表 2.13　土耳其二氧化碳排放核算的数据来源

数据类型	来　源	网　站
能源平衡表	世界能源理事会土耳其国家委员会	https://www.dunyaenerji.org.tr/turkiye-enerji-denge-tablolari/
排放因子	联合国气候变化框架公约（UNFCCC）——国家清单	https://unfccc.int/process-and-meetings/transparency-and-reporting/reporting-and-review-under-the-convention/greenhouse-gas-inventories-annex-i-parties/national-inventory-submissions-2020
行业匹配指标	土耳其统计局	https://www.tuik.gov.tr/Home/Index
国家到区域的降尺度指标	土耳其统计局	https://www.tuik.gov.tr/Home/Index

第3章

非 洲 篇

3.1 吉布提

（1）国家背景

吉布提位于红海口，非洲东部，陆路与厄立特里亚、埃塞俄比亚和索马里接壤，海路与也门接壤，地理位置优越，人口不足 100 万，是东非最小的国家之一。该国缺乏自然资源，工业活动不多，经济十分依赖物流服务，以及通过其国际港口的贸易。2019 年，吉布提的国内生产总值为 33 亿美元（以 2010 年为基期），服务业约占国内生产总值的 80%。

吉布提极善用其战略位置，并成为埃塞俄比亚几乎唯一的海上贸易通道，且因此受惠不菲。吉布提与埃塞俄比亚的贸易联系十分紧密，埃塞俄比亚十分依赖吉布提的物流服务，2018 年吉布提处理了该国超过 90% 的贸易量。吉布提充分利用这种依存关系，成为世界各国通往非洲市场的重要门户。吉布提的主要出口货物为毛皮、咖啡等，主要进口货物包括石油、食品等。

吉布提严重依赖从埃塞俄比亚进口的电力，占其供应量的 70%，这种依赖也为其经济社会发展带来了能源安全风险。在 2013 年，吉布提开始了雄心勃勃的"2035 愿景计划"，积极争取将其电力生产在 2035 年完全过渡到国内可再生能源上，以实现丰富、廉价且完全自主的电力供应。自此，该国积极与摩洛哥、西班牙、美国、法国等国家合作开发其国内丰富的地热、风能和太阳能等可再生能源，以满足日益增长的居民和工业用电需求，减少对外能源依存度，促进经济发展和清洁能源转型[49]。此外，吉布提政府已承诺到 2030 年将温室气体排放量相较于基准情景减少 40%，约 2 Mt 二氧化碳。

（2）一次能源消费结构

2018 年，吉布提化石能源消费占一次能源消费结构的 74.47%，能源结构相对单一，主要以石油为主，没有煤炭和天然气消费。2018 年石油消费占一次能源消费的比例为 74.47%。此外，可再生能源基础薄弱，太阳能、风能及其他可再生能源占一次能源消费的比例几乎为零；生物质占一次能源消费比例达 25.49%。

（3）化石能源碳排放特征

吉布提的化石能源消费仅限于石油产品，其消费产生的二氧化碳排放量在 2010—2018 年缓慢上升，2018 年共产生二氧化碳排放量为 1.51 Mt，年均增长率仅为 2.06%。

（4）分行业化石能源消费碳排放贡献

吉布提化石能源消费产生的二氧化碳排放量最多的行业依次是电力、热力、燃气和水的生产与供应行业、交通运输业、仓储和邮政以及建筑业。其中 2018 年电力、热力、燃气和水的生产与供应行业消费化石能源所产生的二氧化碳排放量为 0.80 Mt，占化石能源碳排放总量的 53.05%；其次为交通运输业、仓储和邮政以及建筑业，2018 年化石能源碳排放量分别为 0.37 Mt 和 0.17 Mt。各行业排放趋势相对稳定，缓慢增长，与 2010 年相比，2018 年上述 3 个行业化石能源碳排放量分别增加了 19.4%、17.7% 和 15.9%。

（5）生物质碳排放特征

2018 年，吉布提的生物质能消费占一次能源消费结构的 25.49%，主要用于生活消费。吉布提的生物质种类主要为木柴，森林的过度采伐导致了森林覆盖率减小和森林退化。由于森林恢复的周期漫长，这种生物质利用方式在一定时间内不具有可再生性和持续性。因此该国生物质能源并不具有"零碳"属性，在国家及地区的碳排放核算中应与化石能源消费共同计入总体碳排放。生物质的二氧化碳排放量总体保持稳定，在 2014 年和 2015 年略有上升，之后下降，2018 年产生二氧化碳排放量为 0.80 Mt。由于统计口径精细化，2016 年发布的能源平衡表中，原本在 2015 年及以前划归"其他，未明确用途"的生物质燃料被划入"商业以及公共服务业"部门，统计口径变更导致 2016 年以后商业的生物质碳排放量核算结果升高。

（6）碳排放趋势

2010—2018 年，吉布提的化石能源消费所产生的二氧化碳排放增加了 17.69%，从 1.3 Mt 增至 1.5 Mt。在此期间，生物质消费所产生的二氧化碳排放从 0.78 Mt 增加到 0.80 Mt，波动性较小。

（7）与国际数据库对比

从趋势上看，各机构的核算结果大致是相同的，而核算方法和基础的差异使得结果有所不同。在统一核算口径下，即不包含生物质排放时，本书计算的化石能源碳排放与 EDGAR 数据接近，2013 年之前的误差约为 5%。2013—2017 年，本书统计的排放量略高于 EDGAR 的结果，差距约为 0.4 Mt，主要原因在于根据 EDGAR 的数据，吉布提的石油消费在 2013 年大幅下降，但在 AFREC 统计中对应时段的消费量下降幅度较小。本书中的数据是 IEA 数据的两倍多，差距也主要来自石油消费量的数据基础差异。

IEA、EDGAR 和 CDIAC 等机构的统计数据不包含生物质排放数据,当包含生物质消费所产生的二氧化碳时,2018 年,CEADs 核算数据为 2.31 Mt。

本书汇总了吉布提 2010—2018 年的能源消费和二氧化碳排放量数据,如图 3-1 所示。

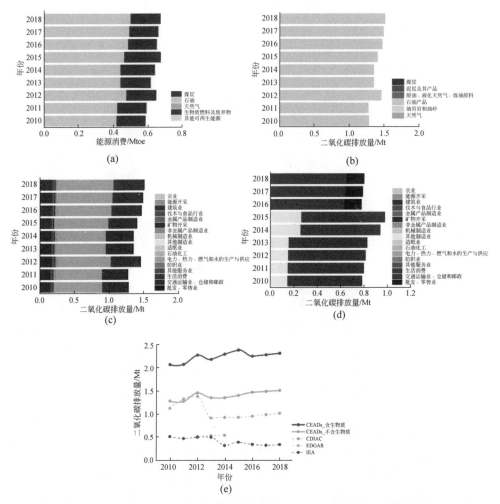

图 3-1   吉布提 2010—2018 年的能源消费和二氧化碳排放量(见文前彩图)
(a) 一次能源消费结构;(b) 化石能源碳排放量;(c) 分行业化石能源消费碳排放量;
(d) 生物质碳排放量;(e) 与国际数据库对比

数据来源简述:从非洲能源委员会网站上获取了吉布提 2010—2017 年能源平衡表,其中包含了吉布提 9 种一次能源品种与二次能源品种的能源加工转换数据,以及 7 个大类经济行业的能源消费数据。CEADs 通过分地区分经济行业的增加值数据,对国家级数据进行了降尺度,从而计算了吉布提分区域、分行业的二氧化碳排放量。表 3.1 为吉布提二氧化碳排放核算的数据来源。

表 3.1 吉布提二氧化碳排放核算的数据来源

数 据 类 型	来 源	网 站
能源平衡表	AFREC 能源数据库	AFREC|非洲能源委员会（au-afrec. org）
排放因子	政府间气候变化专门委员会（IPCC）	https://www. ipcc-nggip. iges. or. jp/EFDB/
行业匹配指标	联合国商品贸易统计数据库（UN Comtrade）	UN Comtrade|International Trade Statistics Database
	吉布提国民账户	吉布提国家统计局（insd. dj）

3.2 埃塞俄比亚

（1）国家背景

埃塞俄比亚联邦民主共和国,简称埃塞俄比亚,位于非洲东北,东与吉布提、索马里毗邻,西同苏丹共和国、南苏丹共和国交界,南与肯尼亚接壤,北接厄立特里亚。埃塞俄比亚是世界上增长最快的经济体之一,2010—2018 年,国内生产总值的年平均增长率为 9.8%。高经济增长伴随着巨大的能源需求,也意味着高排放的可能性。在过去的 20 年里,埃塞俄比亚经历了巨大的结构和经济变化。工业在国内生产总值中的份额从 2010 年的 9.44% 大幅增加到 2018 年的 27.31%。

2018 年,埃塞俄比亚 60% 以上的出口产品为初级蔬菜,如咖啡(8.36 亿美元)、油料种子(3.63 亿美元)和切花(2.32 亿美元)。埃塞俄比亚的进口以飞机、直升机和(或)航天器(6.59 亿美元)、燃气轮机(4.18 亿美元)和包装药品(3.20 亿美元)为主[50]。自 2010 年以来,运输服务的出口稳步增长。

埃塞俄比亚是东非最早发布国家自主减排贡献(INDC)的国家。该国政府在 2008 年就停止了化石燃料的补贴,这显示了他们在促进可再生能源方面的巨大决心。该国的可再生能源潜力主要为水能和风能,从 2007 年开始,埃塞俄比亚开始促进小规模太阳能、风能和水能的广泛应用,以满足农村地区分散的电力需求[51-52]。目标是到 2030 年将发电量提升 25 000 MW,包括 22 000 MW 的水电、1000 MW 的地热发电和 2000 MW 的风电[53]。在建的复兴大坝装机容量 6000 MW,建成后将是非洲最大的水力发电设施。

（2）一次能源消费结构

2018 年,埃塞俄比亚化石能源消费占一次能源消费结构的 9.01%,以石油为主。其中,煤炭消费占比 0.78%,石油消费占比 8.23%,无天然气使用。此外,水能、太阳能、风能及其他可再生能源占一次能源消费的 2.62%,其中大部分为水能;生物质占一次能源消费比例达 88.37%。

（3）化石能源碳排放特征

在化石能源消费所产生的二氧化碳排放中,石油产品和煤炭消费产生的二氧化碳排放占据主导地位。石油产品作为埃塞俄比亚最主要的化石燃料,在 2018 年共产生二氧化碳排放量 10.18 Mt,占化石能源碳排放量的 87.9%。煤炭消费所产生的二氧化碳排放量从 2010 年的 0.11 Mt 增长到 2018 年的 1.40 Mt,增长速度较快。

（4）分行业化石能源消费碳排放贡献

埃塞俄比亚化石能源消费产生的二氧化碳排放呈指数型增长,主要由交通运输业、仓储和邮政与建筑业推动。交通运输业、仓储和邮政在 2018 年消费化石能源所产生的二氧化碳排放量为 8.5 Mt,占化石能源碳排放量的比例约为 73%;同时,该行业也是二氧化碳排放量增长速率最快的行业。WTO 和 UN Comtrade 的贸易数据显示,该国运输设备进口额急剧增加,包括从德国和美国进口的飞机,从比利时进口的铁路和有轨电车、机车等。建筑业是埃塞俄比亚近年来的第二大化石能源碳排放行业,2018 年占化石能源碳排放总量的 11.84%,主要消费能源品种为石油和煤炭。2010 年后埃塞俄比亚政府兴建了包括复兴大坝在内的一系列基础设施,建筑行业能源需求激增,致使使用化石能源所产生的碳排放量增长迅速。

（5）区域间排放异质性

化石能源碳排放量高的地区位于埃塞俄比亚的中部。首都亚的斯亚贝巴以及附近的阿姆哈拉州、提格雷州和奥罗米亚州都是高排放区,在埃塞俄比亚中部形成一条南北向的"高排放轴"。高排放区域与国家经济中心相重合。根据埃塞俄比亚中央统计局(Central Statistic Agency,CSA)的数据,该国大约 39% 的制造业位于亚的斯亚贝巴,其次是奥罗米亚,超过 29%。其中,奥罗米亚州人口众多,经济总量较大,在 2018 年其化石能源碳排放量达 4.51 Mt,占全国化石能源碳排放总量的 38.95%,为全国最高,紧随其后的阿姆哈拉州化石能源碳排放量为 3.05 Mt。埃塞俄比亚 2018 年分区域碳排放量如表 3.2 所示。

表 3.2　埃塞俄比亚 2018 年分区域碳排放量

区 域 名 称	二氧化碳排放量/Mt	区 域 名 称	二氧化碳排放量/Mt
Addis Abeba	0.36	Harari People	0.03
Afar	0.18	Oromia	4.51
Amhara	3.05	Somali	0.21
Benshangul-Gumaz	0.13	Southern Nations, Nationalities and Peoples	2.32
Dire Dawa	0.05		
Gambela Peoples	0.04	Tigray	0.70

（6）生物质碳排放特征

2018 年,埃塞俄比亚的生物质能消费占一次能源消费结构的 88.37%,主要用于生活消费。埃塞俄比亚的生物质种类主要是木材,木材的使用量超过了资源环境的可持续承载力,过剩的需求加剧了森林砍伐,从而造成了草原生态退化等灾难性的环境问题[54-55]。由于森林恢复的周期漫长,这种生物质利用方式在一定时间内不具有可再生性和持续性。因此该国生物质能源并不具有"零碳"属性,国家及地区的碳排放核算中应与化石能源消费共同计入总体碳排放。埃塞俄比亚生物质消费产生的二氧化碳排放量从 2010 年的 124.18 Mt 增长到 2018 年的 156.25 Mt。

（7）碳排放趋势

2010—2018 年，埃塞俄比亚的化石能源消费产生的二氧化碳排放量从 6.53 Mt 增加到 11.58 Mt，增长了 77.26%。在此期间，生物质消费所产生的排放量从 124.18 Mt 增加到 156.25 Mt，年均增长率为 2.91%。

（8）与国际数据库对比

从趋势上看，各机构的核算结果大致是相同的，而核算方法和基础的差异使得结果有所不同。在统一核算口径下，即不包含生物质排放时，本研究核算的化石能源碳排放量与 IEA 的数据和 CDIAC 的数据非常接近，误差约为 5%。因为 IEA 数据的主要来源同样是水利、灌溉和能源部等部门（本书使用的数据集来自其官方网站）。与 IEA 的差距大部分发生在 2014 年，主要是石油产品统计偏差造成的。IEA 的数据显示，2014 年石油产品消费有激增，而埃塞俄比亚统计局的数据显示，2011—2015 年，石油消费均匀增长，没有出现先增后减的趋势。而本研究中的排放量略低于 EDGAR 的结果，差距约为 20%。

IEA、EDGAR 和 CDIAC 等机构的统计数据不包含生物质排放数据，当包含生物质消费所产生的二氧化碳时，2018 年，CEADs 核算数据为 167.83 Mt。

本书汇总了埃塞俄比亚 2010—2018 年的能源消费和二氧化碳排放量数据，如图 3-2 所示。

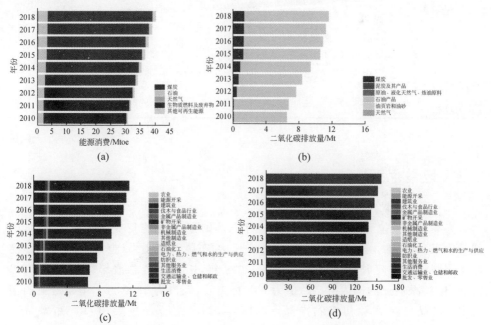

图 3-2　埃塞俄比亚 2010—2018 年的能源消费和二氧化碳排放量（见文前彩图）
(a) 一次能源消费结构；(b) 化石能源碳排放量；(c) 分行业化石能源消费碳排放量；
(d) 生物质碳排放量；(e) 与国际数据库对比

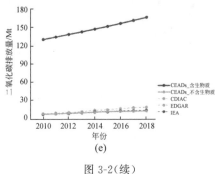

图 3-2(续)

数据来源简述：从埃塞俄比亚水、灌溉和能源部网站上获取了埃塞俄比亚 2011—2015 年能源平衡表，其中包含了埃塞俄比亚 8 种一次能源品种与二次能源品种的能源加工转换数据，以及 8 个大类经济行业的能源消费数据。本书通过分地区分经济行业的增加值数据，对国家级数据进行了降尺度，从而计算了埃塞俄比亚分区域、分行业的二氧化碳排放数据。表 3.3 为埃塞俄比亚二氧化碳排放核算的数据来源。

表 3.3　埃塞俄比亚二氧化碳排放核算的数据来源

数据类型	来　　源	网　　站
能源平衡表	埃塞俄比亚水、灌溉和能源部	http://www.csa.gov.et/
排放因子	政府间气候变化专门委员会(IPCC)	https://www.ipcc-nggip.iges.or.jp/EFDB/
行业匹配指标	中国碳核算数据库	https://www.ceads.net/
国家到区域的降尺度指标	埃塞俄比亚就业部	http://www.csa.gov.et/

3.3　坦桑尼亚

（1）国家背景

坦桑尼亚是位于非洲大湖区内的一个东非国家，北与肯尼亚和乌干达交界，南与赞比亚、马拉维、莫桑比克接壤，西与卢旺达、布隆迪和刚果（金）为邻，东临印度洋。该国近年来经济稳定增长，2010—2018 年，国内生产总值年均增长 6.3%。2019 年，坦桑尼亚的国内生产总值为 632 亿美元，人口为 5800 万。坦桑尼亚的主要出口产品是矿物和初级农产品。2018 年，坦桑尼亚的主要出口产品是黄金（8.92 亿美元）、生烟草（3.33 亿美元）和生铜（2.31 亿美元），大多出口到卢旺达（6.67 亿美元），而坦桑尼亚进口最多的是精炼石油产品（17.7 亿美元）。

坦桑尼亚在国家自主贡献中涉及推广各种可再生能源，如地热、风能、太阳能等,以此实现 2030 年温室气体减排 10%～20% 的目标。自 2008 年以来,坦桑尼亚政府一直在通过投资和补贴该国的能源发展准入计划(TEDAP)来推广太阳能,为使用可再生资源的发电商和太阳能光伏项目提供平均 1 美元/(W·h)的补贴。

(2)一次能源消费结构

坦桑尼亚的一次能源结构以石油和生物质为主。2018 年,煤炭消费占比 2.66%,石油消费占比 51.66%,天然气消费占比 13.12%,化石能源消费总量占比 67.43%。此外,太阳能、风能及其他可再生能源占一次能源消费的 3.88%;生物质占一次能源消费比例达 28.69%。

(3)化石能源碳排放特征

在化石能源消费所产生的二氧化碳排放中,石油产品和天然气消费产生的二氧化碳排放占据主导地位。石油产品作为坦桑尼亚最主要的化石燃料,2018 年其消费共产生二氧化碳排放量 7.69 Mt,占化石能源碳排放量的 78%。2010—2018 年,石油消费所产生的二氧化碳排放量增加了 68%。在此期间,天然气消费产生的二氧化碳排放量相对稳定,平均碳排放量约为 1.7 Mt。

(4)分行业化石能源消费碳排放贡献

坦桑尼亚化石能源消费产生的二氧化碳排放主要来源于交通运输业、仓储和邮政。2018 年,交通运输业、仓储和邮政消费化石能源所产生的二氧化碳排放量为 6.45 Mt,占化石能源碳排放总量的 66%。从增长趋势来看,建筑业消费化石能源产生的二氧化碳排放增长最快,从 2010 年到 2018 年增长了 3 倍多。

(5)区域间排放异质性

坦桑尼亚共有 26 大区,总的来说,坦桑尼亚的化石能源碳排放的空间分布比较均匀,碳排放强度高的地区没有表现出明显的空间集聚性。位于国家边界的地区比位于内陆的地区有更高的化石能源碳排放量。首都达累斯萨拉姆是坦桑尼亚的政治、经济、人口和工业中心,2018 年化石能源碳排放量最高,为 1.66 Mt,占该国化石能源碳排放总量的 17.00%;北部的姆万扎省是仅次于首都的高化石能源碳排放地区,2018 年化石能源碳排放量为 0.94 Mt,占该国化石能源碳排放总量的 9.69%。坦桑尼亚 2018 年分区域碳排放量如表 3.4 所示。

表 3.4 坦桑尼亚 2018 年分区域碳排放量

区 域 名 称	二氧化碳排放量/Mt	区 域 名 称	二氧化碳排放量/Mt
Dodoma	0.28	Kigoma	0.28
Ruvuma	0.38	Shinyanga	0.58
Iringa	0.48	Kagera	0.38
Mbeya	0.55	Mwanza	0.94
Singida	0.18	Arusha	0.46
Tabora	0.37	Mara	0.36
Rukwa	0.35	Manyara	0.33

续表

区 域 名 称	二氧化碳排放量/Mt	区 域 名 称	二氧化碳排放量/Mt
Songwe	0.18	Pwani	0.18
Njombe	0.00	Dar es Salaam	1.66
Kilimanjaro	0.43	Lindi	0.19
Tanga	0.46	Mtwara	0.26
Morogoro	0.47		

(6)生物质碳排放特征

2018年,坦桑尼亚的生物质能消费占一次能源消费结构的28.69%,主要用于生活消费。坦桑尼亚的生物质种类主要为木柴和木炭,随着人口的增加,其使用量也在迅速增长,使得森林遭受过度采伐,导致森林覆盖减少和森林退化。森林恢复的周期漫长,这种生物质利用方式在一定时间内不具有可再生性和持续性。因此该国生物质能源并不具有"零碳"属性,国家及地区的碳排放核算中应将生物质能源与化石能源消费共同计入总体碳排放。2010—2018年,生物质消费产生的二氧化碳排放量从15.25 Mt减少到6.66 Mt。政府颁布限制采伐和木炭交易的法令后,该国生物质燃料消费量显著下降,工业部门几乎取缔了生物质燃料,转向使用石油、天然气、电力等能源。

(7)碳排放趋势

坦桑尼亚的化石能源二氧化碳排放量增长较快。2010—2018年,化石能源消费所产生的二氧化碳排放量增加了59%,从6.12 Mt增至9.74 Mt。在此期间,生物质消费所产生的碳排放量从15.25 Mt减少到6.66 Mt,呈现波动下降的趋势。

(8)与国际数据库对比

从趋势上看,各个机构的核算结果大致是相同的,核算方法和基础的差异使得结果有所不同。在统一核算口径下,即不包含生物质排放时,本研究核算的化石能源碳排放量与IEA和CDIAC的数据非常接近,误差约为8%,但比EDGAR的结果略低,误差约为20%。从时间序列的角度来看,本研究中核算的结果与IEA数据较为一致,但在2017年出现差异。AFREC发布的能源平衡表中石油消费量在2016—2017年呈现小幅下降趋势,而IEA数据中的石油消费量在2016—2017年呈缓慢上升趋势。IEA的数据来源是坦桑尼亚银行、坦桑尼亚能源和水公用事业管理局的年度报告,本书的数据来源为非洲能源委员会。

IEA、EDGAR和CDIAC等机构的统计数据不包含生物质排放数据,当包含生物质消费所产生的二氧化碳时,2018年,CEADs核算数据为16.40 Mt。

本书汇总了坦桑尼亚2010—2018年的能源消费和二氧化碳排放量数据,如图3-3所示。

数据来源简述:从非洲能源委员会网站上获取了坦桑尼亚2010—2017年能源平衡表,其中包含了坦桑尼亚9种一次能源品种与二次能源品种的能源加工转

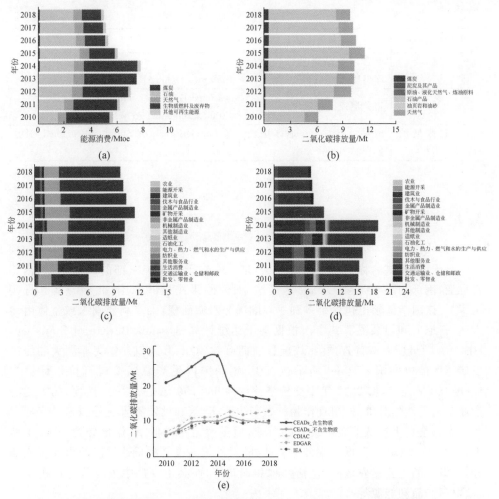

图 3-3　坦桑尼亚 2010—2018 年的能源消费和二氧化碳排放量(见文前彩图)
(a) 一次能源消费结构；(b) 化石能源碳排放量；(c) 分行业化石能源消费碳排放量；
(d) 生物质碳排放量；(e) 与国际数据库对比

换数据，以及 7 个大类经济行业的能源消费数据。CEADs 通过分地区、分经济行业的增加值数据，以及工业统计年鉴中分行业、分能源品种支出数据，对国家级数据进行了降尺度，从而计算了坦桑尼亚分区域、分行业的二氧化碳排放量。表 3.5为坦桑尼亚二氧化碳排放核算的数据来源。

表 3.5　坦桑尼亚二氧化碳排放核算的数据来源

数 据 类 型	来　　源	网　　站
能源平衡表	AFREC 能源数据库	AFREC | The African Energy Commission (au-afrec.org)
排放因子	政府间气候变化专门委员会(IPCC)	https://www.ipcc-nggip.iges.or.jp/EFDB/

续表

数 据 类 型	来　　源	网　　站
行业匹配指标	联合国商品贸易统计数据库(UN Comtrade)	UN Comtrade|International Trade Statistics Database
	坦桑尼亚国民账户	National Bureau of Statistics-NA Publications(nbs. go. tz)
国家到区域的降尺度指标	国家统计局——地区国内生产总值报告	National Bureau of Statistics-Regional GDP Reports (nbs. go. tz)

3.4　乌干达

（1）国家背景

乌干达,正式名称为乌干达共和国,是一个位于非洲中东部的内陆国家,东邻肯尼亚,南部与坦桑尼亚和卢旺达接壤,西邻刚果民主共和国,北部与南苏丹接壤[56]。该国南部领土包含维多利亚湖的部分水域面积,维多利亚湖水域整体由乌干达、肯尼亚和坦桑尼亚共享。根据乌干达统计局（Uganda Bureau of Statistics, UBOS）[57]最新人口普查预测,该国目前拥有约 4000 万人口。作为非洲大陆经济发展速度最快的国家之一,乌干达 2019 年的国内生产总值按现行价格计算为 1 099 450 亿先令,按 2010 年不变价格计算为 652 790 亿先令[58]。然而,乌干达的产业结构仍然相对单一,粮食作物种植与生产、建筑和批发零售业是国家的支柱产业。农业是乌干达从业人员最多的行业,但生产力相当低下,这也导致 2019 年乌干达的农业 GDP 甚至低于服务业。此外,对外贸易也是乌干达经济的重要组成部分,出口产品主要是农产品,包括咖啡和棉花等,而其主要从中国等国进口机械设备、电子产品和能源等。

在乌干达,气候变化被普遍认为将会对国家经济和社会发展产生重大威胁,这一观点在主要的国家政策和战略计划中都得以体现,如《2016—2021 年国家发展计划》《乌干达 2040 年愿景》[59]。在农业方面,2015 年乌干达通过了《关于应对气候变化的智慧农业计划》以积极调整农业发展模式从而促进节能减排。此外,乌干达的许多主要政策也提出了增加可再生能源利用的战略措施。例如,《乌干达 2040 年愿景》设想在 2040 年将该国的电力生产总装机容量增加到 2500 MW,其中 2000 MW 的装机容量由可再生能源贡献,并大规模开发水力发电[60]。

（2）一次能源消费结构

2018 年,乌干达的化石能源消费占一次能源消费结构的 17.9%。其中,石油消费占比 100%,无煤炭及天然气消费。此外,水力及其他可再生能源占一次能源消费的 3.3%;生物质占一次能源消费比例达 78.8%。

（3）化石能源碳排放特征

在化石能源消费所产生的二氧化碳排放中,石油产品消费是乌干达化石能源碳排放的主要来源,这些石油产品主要从肯尼亚的蒙巴萨港口进口。其中,产生二氧化碳排放最多的化石能源是汽油与柴油,其消费产生的二氧化碳排放量在2018年已经达到化石能源碳排放量的90%以上。

(4)分行业化石能源消费碳排放贡献

乌干达最大的化石能源碳排放行业为交通运输业、仓储和邮政,其产生的二氧化碳排放在过去20年中迅速增长。2018年,该行业消费化石能源产生的二氧化碳排放量为3.56 Mt,占化石能源碳排放总量的66.2%。电力、热力、燃气和水的生产与供应行业是乌干达的第二大化石能源碳排放行业,2018年,产生的二氧化碳排放量为1.02 Mt,占化石能源碳排放总量的19.06%。

(5)区域间排放异质性

乌干达共分135个省级行政区,化石能源二氧化碳排放的空间分布模式呈现出明显的地域差异特点,即南部高于北部,西部高于东部。瓦基索和首都坎帕拉是该国二氧化碳排放量最高的两个地区,也是人口最密集的区域,2018年消费化石能源所产生的碳排放量分别为0.32 Mt(占比5.96%)和0.23 Mt(占比4.28%)。在乌干达南部的维多利亚湖附近,化石能源碳排放量较高的地区往往集中分布,而其他化石能源碳排放量高的地区大多零散分布在该国西南和西北的边界附近。这种空间分布模式可能与乌干达东部多山,而西部地区的东非大裂谷地带地形相对平坦、河流湖泊众多、更适合人类生存和经济发展有一定关联。乌干达2018年分区域碳排放量如表3.6所示。

表3.6 乌干达2018年分区域碳排放量

区 域 名 称	二氧化碳排放量/Mt	区 域 名 称	二氧化碳排放量/Mt
Kalangala	0.01	Rukungiri	0.05
Rakai	0.04	Kamwenge	0.04
Nabilatuk	0.01	Kitagwenda	0.02
Bundibugyo	0.03	Kanungu	0.04
Bushenyi	0.04	Kyenjojo	0.07
Hoima	0.05	Buliisa	0.02
Kabale	0.04	Ibanda	0.04
Kabarole	0.05	Ssembabule	0.04
Kasese	0.11	Isingiro	0.08
Kibaale	0.02	Kiruhura	0.02
Kisoro	0.04	Kazo	0.03
Masindi	0.05	Buhweju	0.02
Kyotera	0.04	Kiryandongo	0.04
Mbarara	0.05	Kyegegwa	0.05
Rwampara	0.02	Mitooma	0.03
Ntungamo	0.07	Ntoroko	0.01

区 域 名 称	二氧化碳排放量/Mt	区 域 名 称	二氧化碳排放量/Mt
Rubirizi	0.02	Kalaki	0.02
Sheema	0.03	Mayuge	0.07
Kayunga	0.06	Sironko	0.04
Kagadi	0.05	Amuria	0.03
Kakumiro	0.05	Budaka	0.03
Rubanda	0.03	Bududa	0.03
Rukiga	0.02	Bukedea	0.03
Bunyangabu	0.03	Bukwo	0.01
Kikuube	0.04	Butaleja	0.04
Wakiso	0.32	Masaka	0.05
Lyantonde	0.01	Kaliro	0.04
Mityana	0.05	Manafwa	0.02
Nakaseke	0.03	Namisindwa	0.03
Buikwe	0.06	Namutumba	0.04
Bukomansimbi	0.02	Bulambuli	0.03
Kampala	0.23	Buyende	0.05
Butambala	0.02	Kibuku	0.03
Buvuma	0.01	Kween	0.01
Gomba	0.02	Luuka	0.04
Kalungu	0.03	Namayingo	0.03
Kyakwanzi	0.03	Mpigi	0.04
Lwengo	0.04	Ngora	0.02
Kassanda	0.04	Serere	0.04
Bugiri	0.06	Bugweri	0.03
Busia	0.05	Kapelebyong	0.01
Iganga	0.05	Adjumani	0.03
Kiboga	0.02	Apac	0.03
Jinja	0.07	Arua	0.10
Kamuli	0.08	Madi Okollo	0.02
Kapchorwa	0.02	Gulu	0.04
Katakwi	0.03	Kitgum	0.03
Kumi	0.04	Mubende	0.07
Mbale	0.08	Kotido	0.03
Pallisa	0.04	Lira	0.06
Butebo	0.02	Moroto	0.02
Soroti	0.05	Moyo	0.01
Tororo	0.08	Obongi	0.01
Luwero	0.07	Nebbi	0.04
Kaberamaido	0.02	Pakwach	0.02

续表

区 域 名 称	二氧化碳排放量/Mt	区 域 名 称	二氧化碳排放量/Mt
Nakapiripirit	0.01	Agago	0.03
Pader	0.03	Nakasongola	0.03
Yumbe	0.08	Alebtong	0.04
Mukono	0.09	Amudat	0.02
Abim	0.02	Kole	0.04
Amolatar	0.02	Lamwo	0.02
Amuru	0.03	Napak	0.03
Dokolo	0.03	Nwoya	0.02
Kaabong	0.02	Otuke	0.02
Karenga	0.01	Zombo	0.04
Koboko	0.03	Omoro	0.03
Maracha	0.03	Kwania	0.03
Oyam	0.06		

（6）生物质碳排放特征

2018 年，乌干达的生物质能消费占一次能源消费结构的 17.9%，主要用于生活消费，乌干达的生物质主要是木炭，来源于森林，过度开采导致森林覆盖率减小和森林退化。由于森林恢复的周期漫长，这种生物质利用方式在一定时间内不具有可再生性和持续性。因此该国生物质能源消费并不具有"零碳"属性，国家及地区的碳排放核算中应将生物质能源与化石能源消费共同计入总体碳排放。从时间趋势上看，生物质消费产生的二氧化碳排放贡献逐年增加，从 2010 年的 10.00 Mt 上升到 2018 年的 12.57 Mt，年均增长 0.17 Mt。

（7）碳排放趋势

2010—2018 年，乌干达的化石能源消费所产生的二氧化碳排放量增加了 56.04%，从 3.44 Mt 增至 5.37 Mt。在此期间，生物质消费所产生的二氧化碳排放量从 10.00 Mt 增加到 12.57 Mt，整体波动性较小。

（8）与国际数据库对比

在统一核算口径下，即不包含生物质排放时，CEADs 核算的乌干达化石能源碳排放量与 IEA、CDIAC 和 EDGAR 的统计数据非常一致，其中与 IEA 的数据趋势基本相同，且误差始终保持在 4% 之内，两者一致性较高。

IEA、CDIAC 和 EDGAR 等机构的统计数据不包含生物质排放数据，当包含生物质消费所产生的二氧化碳时，2018 年，CEADs 核算数据为 17.94 Mt。

本书汇总了乌干达 1971—2018 年的能源消费和二氧化碳排放量数据，如图 3-4 所示。

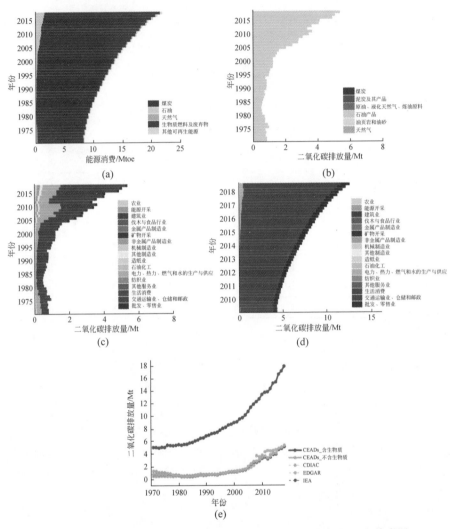

图 3-4   乌干达 1971—2018 年的能源消费和二氧化碳排放量(见文前彩图)

(a) 一次能源消费结构;(b) 化石能源碳排放量;(c) 分行业化石能源消费碳排放量;
(d) 生物质碳排放量;(e) 与国际数据库对比

　　数据来源简述:本书中的能源平衡表数据是单独收集的,时间序列为 1971—
2018 年。2007 年之前的能源平衡表是基于联合国统计司的数据和 IEA 的估测,
而 2007 年之后的能源平衡表是基于 AFREC、IRENA 和 OAG 的数据以及 IEA 的
估测。这些能源平衡表的统一格式包括 63 种能源类型和 26 个最终消费行业。本
书中的行业匹配指标是 CEADs Emerging 模型中 2015 年乌干达多区域投入产出
表的产出数据,国家到区域的降尺度指标是乌干达统计局(UBOS)发布的各地区
人口预测数据。表 3.7 为乌干达二氧化碳排放核算的数据来源。

表 3.7　乌干达二氧化碳排放核算的数据来源

数 据 类 型	来　　源	网　　站
能源平衡表	非洲能源委员会；IRENA2020 年可再生能源统计；联合国能源统计年鉴；IEA 秘书处估计	https://au-afrec.org； https://www.irena.org/publications/2020/Jul/Renewable-energy-statistics-2020； https://unstats.un.org/unsd/energystats/pubs/yearbook/documents/2016eyb.pdf； http://www.oag.com/analytics/traffic-analyser； https://www.iea.org/
排放因子	政府间气候变化专门委员会(IPCC)	https://www.ipcc-nggip.iges.or.jp/EFDB/
行业匹配指标	中国碳核算数据库	https://www.ceads.net/
国家到区域的降尺度指标	乌干达统计局(UBOS)地区人口预测	https://www.ubos.org/explore-statistics/20/

3.5　加纳

（1）国家背景

加纳共和国位于非洲西部、几内亚湾北岸,西邻科特迪瓦,北接布基纳法索,东毗多哥,南濒大西洋,海岸线长约 562 km。地形南北长、东西窄。2019 年,加纳的国内生产总值为 670 亿美元,人口为 3040 万,是在撒哈拉以南非洲地区排名第六的经济体。加纳的经济拥有丰富的资源基础,包括数字技术产品的制造和出口,汽车和船舶的建造和出口,以及油气和工业矿物等多样化的资源出口。在加纳,服务业在国民经济中占主导地位(45%),而近 10 年来该国正积极推进工业化进程,工业的 GDP 份额从 2009 年的 18.51% 上升到 2019 年的 31.99%,农业从 2009 年的 30.99% 降到 2019 年的 17.31%。此外,加纳是非洲第二大黄金生产国(仅次于南非)和第二大可可生产国(仅次于科特迪瓦)[61]。2018 年,加纳的首要出口产品是黄金(100 亿美元)、原油(46.5 亿美元)、可可豆(17.8 亿美元)和可可膏,主要出口到印度(51.8 亿美元)、瑞士(33 亿美元)和中国(22.5 亿美元)。

根据国家能源战略计划(2006—2020 年),政府设定的目标是到 2030 年将可再生能源的比例提高到 10%,并实现普及[62]。随着国家自主贡献(INDC)的签署,加纳的减排目标是到 2030 年无条件地将其温室气体排放量比基准情景下的 73.95 Mt 二氧化碳排放量减少 15%。

（2）一次能源消费结构

2018 年,加纳化石能源消费占一次能源消费结构的 62%,以石油和天然气为主,几乎没有煤炭消费。其中,石油消费占比 47.35%,天然气消费占比 15.09%。此外,太阳能、风能及其他可再生能源占一次能源消费的 5.61%;生物质占一次能源消费比例达 31.94%。

（3）化石能源碳排放特征

在化石能源消费所产生的二氧化碳排放中,天然气和石油产品消费是加纳化石能源碳排放的主要来源,2018 年分别占化石能源碳排放量的 70% 和 28%。且石油产品消费产生的二氧化碳排放量一直呈现增长态势,2018 年达到峰值 13.09 Mt。加纳一直积极推广使用天然气,其消费产生的二氧化碳排放呈总量小、增长快的特点,2018 年达到 3.28 Mt。

（4）分行业化石能源消费碳排放贡献

加纳化石能源消费产生二氧化碳排放最高的行业为交通运输业、仓储和邮政。2018 年,该行业消费化石能源产生的二氧化碳排放量为 8.31 Mt,占化石能源碳排放总量的 50.73%,电力、热力、燃气和水的生产与供应行业是加纳第二大化石能源碳排放行业,2018 年为 5.95 Mt,且增长最为显著,2010—2018 年年均增长率为 8.53%。

（5）区域间排放异质性

加纳首都为阿克拉,全国共设大阿克拉省、阿散蒂省等 16 个省。加纳的化石能源碳排放主要集中在南部首都阿克拉一带,南部地区的化石能源碳排放量显著高于北部,其中阿散蒂和大阿克拉是碳排放量最高的地区,2018 年化石能源碳排放量分别为 3.13 Mt 和 2.67 Mt,分别占全国碳排放总量的 19.13% 和 16.33%。加纳 2018 年分区域碳排放量如表 3.8 所示。

表 3.8 加纳 2018 年分区域碳排放量

区 域 名 称	二氧化碳排放量/Mt	区 域 名 称	二氧化碳排放量/Mt
Ahafo	0.50	Northern East	0.31
Ashanti	3.13	Oti	0.40
Bono	0.59	Savannah	0.32
Bono East	0.31	Upper East	0.69
Central	1.39	Upper West	0.46
Eastern	1.76	Volta	1.01
Greater Accra	2.67	Western	1.17
Northern	1.03	Western North	0.63

（6）生物质碳排放特征

2018 年,加纳的生物质能占一次能源消费结构的 31.94%,主要用于生活消费。加纳的生物质种类主要为木材和木炭,主要来源于森林,过度的采伐导致了森林覆盖率减小和森林退化。森林面积占比从 1990 年的 44% 降至 2018 年的 35%。由于森林恢复的周期漫长,这种生物质利用方式在一定时间内不具有可再生性和持续性。因此在核算期内该国生物质能源并不具有"零碳"属性,国家及地区的碳排放核算中应将生物质能源与化石能源消费共同计入总体碳排放。生物质消费产

生的二氧化碳排放量总体呈现上升态势,从 2010 年的 10.08 Mt 增长至 2018 年的
13.86 Mt。

(7) 碳排放趋势

2010—2018 年,加纳的化石能源消费所产生的二氧化碳呈现出较为迅速的上
升趋势,从 10.59 Mt 增至 16.39 Mt。在此期间,生物质消费所产生的二氧化碳排
放从 10.08 Mt 增加到 13.86 Mt。

(8) 与国际数据库对比

从趋势上看,各个机构的核算结果大致是相同的,核算方法和基础的差异使得
结果有所不同。在统一核算口径下,即不包含生物质排放时,本研究计算的化石能
源碳排放量与 EDGAR 数据接近,误差约为 5%。2016—2018 年,本研究中的碳排
放量略高于 IEA 的结果,差距约为 10%(主要是石油产品的数据差异)。IEA 的数
据来源是能源委员会 2008—2018 年国家能源统计数据,与本报告的数据来源
一致。

IEA、EDGAR 和 CDIAC 等机构的统计数据不包含生物质排放数据,当包含生
物质消费所产生的二氧化碳时,2018 年,CEADs 核算数据为 30.23 Mt。

本书汇总了加纳 2010—2018 年的能源消费和二氧化碳排放量数据,如图 3-5
所示。

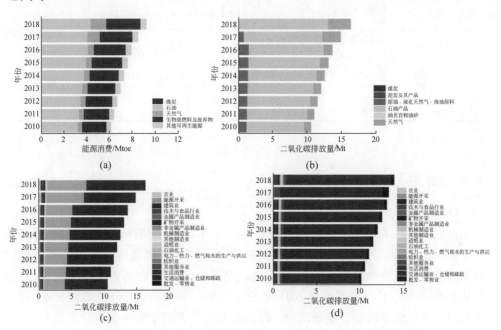

图 3-5　加纳 2010—2018 年的能源消费和二氧化碳排放量(见文前彩图)

(a) 一次能源消费结构;(b) 化石能源碳排放量;(c) 分行业化石能源消费碳排放量;

(d) 生物质碳排放量;(e) 与国际数据库对比

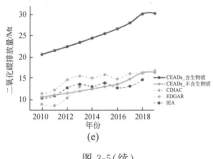

图 3-5(续)

数据来源简述：从加纳能源部网站上获取了加纳 2010—2017 年能源平衡表，其中包含了加纳 7 种一次能源品种与二次能源品种的能源加工转换数据，以及 6 个大类经济行业的能源消费数据。CEADs 通过分地区、分经济行业的增加值数据对国家级数据进行了降尺度，从而计算了加纳分区域、分行业的二氧化碳排放数据。表 3.9 为加纳二氧化碳排放核算的数据来源。

表 3.9　加纳二氧化碳排放核算的数据来源

数据类型	来　　源	网　　站
能源平衡表	加纳能源部	http://www.energycom.gov.gh/files
排放因子	政府间气候变化专门委员会(IPCC)	https://www.ipcc-nggip.iges.or.jp/EFDB/
行业匹配指标	中国碳核算数据库	https://www.ceads.net/
国家到区域的降尺度指标	加纳统计局	statsghana.gov.gh

3.6　肯尼亚

（1）国家背景

肯尼亚是一个位于非洲东部的国家。2019 年,肯尼亚的国内生产总值为 955 亿美元(现价),人口为 5260 万,在撒哈拉以南非洲地区中是排名第四的经济体。肯尼亚的农业经济体量较大,也是国家重点发展的行业,其在国内生产总值中的份额从 2009 年的 23.36% 增长到 2019 年的 34.15%,茶叶和咖啡作为该国传统的经济作物是出口贸易的重要组成部分。以旅游业为代表的服务业也是一个主要的经济驱动力。

根据肯尼亚的《国家发展计划》,相较于基准情境下的碳排放量 143 Mt,肯尼亚计划在 2030 年之前将其温室气体排放量减少 43 Mt(30%)。根据《2015—2035 年发电和传输总体规划》,地热将占发电装机容量的三分之一,在 2035 年提供超过一半的年发电量,使肯尼亚成为非洲领先的地热发电国[63]。

（2）一次能源消费结构

肯尼亚的一次能源结构以生物质和石油为主,化石能源消费总量占比约23.78%。2018年,煤炭消费占比2.28%,石油消费占比21.5%,无天然气使用。此外,地热能、水能、风能及其他可再生能源占一次能源供应的16.63%,其中绝大部分为地热能;生物质占一次能源消费比例达59.59%。

（3）化石能源碳排放特征

在化石能源消费所产生的二氧化碳排放中,石油产品和煤炭消费是肯尼亚化石能源碳排放的主要来源。石油产品作为肯尼亚最主要的化石燃料（主要为柴油和汽油）,2018年其消费产生二氧化碳排放量15.83 Mt,占化石能源碳排放量的87.78%。煤炭消费所产生的二氧化碳排放量从2010的1.09 Mt增长到2018年的2.20 Mt,增长速度明显。

（4）分行业化石能源消费碳排放贡献

肯尼亚化石能源消费产生的二氧化碳排放量最大的行业是交通运输业、仓储和邮政,也是化石能源碳排放增长速率最快的行业,从2010年的4.73 Mt增长到2018年的11.41 Mt,2018年占化石能源碳排放的比例约为63.26%。生活消费的化石能源碳排放量增长迅速,2018年为2.06 Mt,占化石能源碳排放量的11.42%。电力、热力、燃气和水的生产与供应行业也是肯尼亚主要的化石能源碳排放行业,该行业消费化石能源所产生的碳排放量呈现"先增后减"的趋势。由于地热能和水能的快速发展,该行业的化石能源碳排放量增长趋势从2013年开始变缓。

（5）区域间排放异质性

肯尼亚全国划分为47个省,不同省份化石能源消费产生的二氧化碳排放量的高低主要取决于经济总量、人口数量和产业结构,化石能源碳排放与经济发展中心相重合。化石能源碳排放量增长主要分布在西部和中南部区域,在空间上高度集中。以首都内罗毕为中心的基安布和马查科斯是高化石能源碳排放区,首都内罗毕化石能源碳排放量达5.22 Mt,占全国化石能源碳排放总量的比例为28.92%。东南部的重要港口城市蒙巴萨,是另外一个化石能源碳排放密集区,排放量为1.86 Mt,占比10.33%。肯尼亚2018年分区域碳排放量如表3.10所示。

表3.10　肯尼亚2018年分区域碳排放量

区 域 名 称	二氧化碳排放量/Mt	区 域 名 称	二氧化碳排放量/Mt
Mombasa	1.86	Kitui	0.21
Marsabit	0.04	Machakos	0.77
Isiolo	0.03	Makueni	0.17
Meru	0.52	Nyandarua	0.14
Tharaka-Nithi	0.07	Nyeri	0.36
Embu	0.27	Kwale	0.17

续表

区 域 名 称	二氧化碳排放量/Mt	区 域 名 称	二氧化碳排放量/Mt
Kirinyaga	0.27	Kakamega	0.32
Murang'a	0.29	Vihiga	0.12
Kiambu	0.99	Bungoma	0.29
Turkana	0.19	Tana River	0.04
West Pokot	0.18	Busia	0.11
Samburu	0.04	Siaya	0.16
Trans Nzoia	0.22	Kisumu	0.53
Uasin Gishu	0.40	Homa Bay	0.17
Elgeyo-Marakwet	0.13	Migori	0.35
Nandi	0.14	Kisii	0.25
Kilifi	0.42	Nyamira	0.15
Baringo	0.13	Nairobi	5.22
Laikipia	0.14	Lamu	0.08
Nakuru	0.97	Taita Taveta	0.10
Narok	0.18	Garissa	0.09
Kajiado	0.33	Wajir	0.05
Kericho	0.20	Mandera	0.07
Bomet	0.12		

（6）生物质碳排放特征

2018 年,肯尼亚的生物质能消费占一次能源消费结构的 59.59%,主要用于生活消费。肯尼亚的生物质种类主要为木柴和木炭,主要来源于森林,过度的采伐导致森林覆盖率减小和森林退化。由于森林恢复的周期漫长,这种生物质利用方式在一定时间内不具有可再生性和持续性。因此该国生物质能源并不具有"零碳"属性,国家及地区的碳排放核算中应将生物质能源与化石能源消费共同计入总体碳排放。2010—2014 年,生物质消费逐渐增加,2014 年其产生二氧化碳排放量达 71.4 Mt。然而,考虑到木材燃烧对环境和人类健康的危害,自 2015 年以来,由于政府采取了禁止伐木和限制木炭贸易的政策,生物质的消费出现了一定程度的下降,2018 年生物质消费产生的二氧化碳排放量为 68.06 Mt。由于统计口径差异,生物质碳排放在行业分布上有所不同。由于统计口径变化,2015 年及之后发布的能源平衡表中,原本在 2014 年及以前划归"居民消费"的生物质燃料消费量被划入"居民消费"和"其他消费"两个部门,统计口径变更导致 2016 年以后其他服务业的生物质碳排放量核算结果升高,居民消费的生物质碳排放量核算结果降低。

（7）碳排放趋势

2010—2018 年,肯尼亚的化石能源消费所产生的二氧化碳排放量从 10.28 Mt 增至 18.04 Mt,年均增长率为 7.28%。在此期间,生物质消费所产生的二氧化碳排放量增长了约 54.6%,从 44.02 Mt 增加到 68.06 Mt。

（8）与国际数据库对比

在统一核算口径下，即不包含生物质排放时，本研究计算的化石能源碳排放量与 IEA 和 EDGAR 数据基本一致，略高于 IEA 结果，略低于 EDGAR 结果。本研究的结果与 IEA 数据差距在 10% 以内。IEA 的数据来源于肯尼亚中央统计局的《经济调查》，以及国际可再生能源机构的《2020 年可再生能源统计》，本书数据来源于肯尼亚中央统计局的《经济调查》，故数据一致性较高。

IEA、EDGAR 和 CDIAC 等机构的统计数据不包含生物质排放数据，当包含生物质消费所产生的二氧化碳时，2018 年，CEADs 核算数据为 86.10 Mt。

本书汇总了肯尼亚 2010—2018 年的能源消费和二氧化碳排放量数据，如图 3-6 所示。

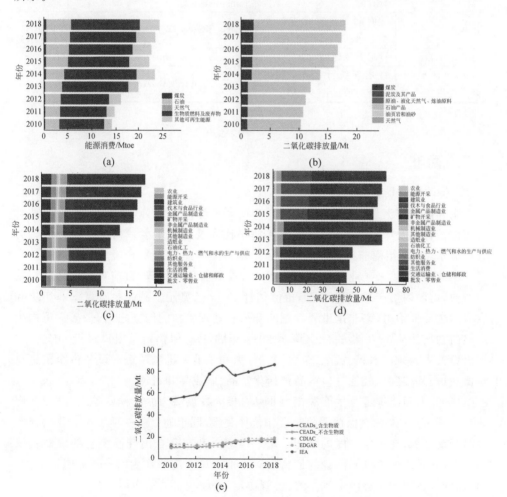

图 3-6　肯尼亚 2010—2018 年的能源消费和二氧化碳排放量（见文前彩图）

（a）一次能源消费结构；（b）化石能源碳排放量；（c）分行业化石能源消费碳排放量；

（d）生物质碳排放量；（e）与国际数据库对比

数据来源简述：本书从肯尼亚国家统计局网站上获取了肯尼亚 2012—2019 年能源平衡表,其中包含了肯尼亚 9 种一次能源品种与二次能源品种的能源加工转换数据,以及 7 个大类经济行业的能源消费数据。通过分地区、分经济行业的增加值数据,以及工业统计年鉴中分行业、分能源品种支出数据,CEADs 对国家级数据进行了降尺度,从而计算了肯尼亚分区域、分行业的二氧化碳排放数据。表 3.11 为肯尼亚二氧化碳排放核算的数据来源。

表 3.11　肯尼亚二氧化碳排放核算的数据来源

数据类型	来　　源	网　　站
能源平衡表	联合国（UN）——能源统计	https://unstats. un. org/unsd/energystats/pubs/balance/
排放因子	政府间气候变化专门委员会（IPCC）	https://www. ipcc-nggip. iges. or. jp/EFDB/
行业匹配指标	肯尼亚统计局	https://www. knbs. or. ke/
国家到区域的降尺度指标	肯尼亚统计局——国内生产总值报告	https://www. knbs. or. ke/

3.7　南非

（1）国家背景

南非位于非洲最南端,在南大西洋与南印度洋的交会处,毗邻纳米比亚、北部接壤博茨瓦纳及津巴布韦、东北部邻接莫桑比克及斯威士兰。据世界银行的官方数据显示,2020 年南非拥有 5931 万人口,国内生产总值为 3514 亿美元。

南非在农业、采矿业和生产相关产品方面具有比较优势,目前重心已转移至第三产业,占国内生产总值的 65%,价值估计 2300 亿美元。矿业一直是南非历史和发展的主要推动力,南非是世界领先的开采和处理矿物的国家之一,采矿占国内生产总值的比例从 1970 年的 21% 降至 2011 年的 6%,但仍占总出口量近 60%。主要出口玉米、钻石、水果、黄金、金属、矿产、糖和羊毛。机械及运输设备占全国进口价值超过三分之一,其他进口产品包括化学品、制成品和石油。

风能、太阳能等可再生能源在南非具有极大发展潜力。气候政策上,欧盟和南非自 2007 年以来一直保持着战略合作伙伴关系,同年通过了一项关于合作伙伴关系的行动计划,在一年一度的欧盟—南非峰会上和在联合国气候大会的磋商会议中,双方开展了关于气候问题的最高政治级别讨论。南非作为"77 国集团＋中国"的主席国,在通过具有历史意义的《巴黎协定》上起到了关键作用。

（2）一次能源消费结构

2018 年,南非化石能源消费占一次能源消费结构的 94.94%,以煤炭为主。2018 年,煤炭消费占比 67.38%,石油消费占比 23.90%,天然气消费占比 3.67%。

此外,太阳能、风能及其他可再生能源占一次能源消费的5.06%。

（3）化石能源碳排放特征

在化石能源消费所产生的二氧化碳排放中,煤炭和石油产品消费是南非化石能源碳排放的主要来源。煤炭作为南非最主要的化石燃料,2018年其消费产生二氧化碳排放量259.88 Mt,占化石能源碳排放量的71.52%。石油产品消费所产生的二氧化碳排放量从2011年的91.34 Mt增长到2018年的95.09 Mt,增长速度明显。

（4）分行业化石能源消费碳排放贡献

南非的化石能源消费产生的二氧化碳排放主要来自电力、热力、燃气和水的生产与供应行业以及交通运输业、仓储与邮政行业。2015年以来,电力、热力、燃气和水的生产与供应行业产生的二氧化碳排放量呈波动上升趋势,2018年为230.93 Mt,占化石能源碳排放总量的63.55%。交通运输业、仓储与邮政行业也是南非主要的化石能源碳排放行业,2018年二氧化碳排放量为64.35 Mt,占化石能源碳排放量的17.71%。

（5）区域间排放异质性

南非分为9个省,其中化石能源二氧化碳排放主要集中于豪登省,2018年为49.37 Mt,占该国化石能源碳排放量的13.59%。豪登省是南非人口最多的省份,虽占地面积小,但城市化程度较高,包括南非最大的城市约翰内斯堡,经济活动频繁,因此产生了较高的化石能源碳排放。此外,西南部的西开普省的化石能源二氧化碳排放量最低,仅为7.53 Mt,占该国化石能源碳排放量的2.07%,主要是因为该地区的气候不宜人类居住,人口稀少,产业基础薄弱。南非2018年分区域碳排放量如表3.12所示。

表 3.12 南非 2018 年分区域碳排放量

区 域 名 称	二氧化碳排放量/Mt	区 域 名 称	二氧化碳排放量/Mt
Gauteng	49.37	Limpopo	23.55
KwaZulu-Natal	28.12	North West	124.21
Western Cape	7.54	Free State	27.26
Eastern Cape	18.31	Northern Cape	26.65
Mpumalanga	58.37		

（6）生物质碳排放特征

南非森林覆盖率仅为7.31%,少部分生物质能源来自木材燃料。目前,南非能源平衡表中未公开生物质能信息,故本次核算未包括该国生物质碳排放特征。此外,其他国际机构也未公开南非的生物质能信息。

（7）碳排放趋势

2010—2018年,南非化石能源消费所产生的二氧化碳排放量减少了7.14%,从391.33 Mt降至363.38 Mt。2013年化石能源碳排放量到达一个峰值,为418.83 Mt,而2015年,化石能源碳排放量达到了近年来的最低点,仅为363.66 Mt,

这与南非能源结构的调整紧密关联。

（8）与国际数据库对比

在统一核算口径下，即不包含生物质排放时，CEADs 计算的南非二氧化碳排放量与其他机构的二氧化碳统计数据的年排放趋势几乎相同，但是与各大国际机构每年公布的数值有一定差距。具体地说，与 EDGAR 的统计数据相比，CEADs 的统计数据整体比 EDGAR 的统计数据低，但变化趋势保持一致。对于 IEA 的统计数据，其数值也高于 CEADs 的数值。从行业排放来看，存在着一定差异。例如，2018 年 CEADs 统计的交通运输业、仓储和邮政产生的二氧化碳总排放量为 64.35 Mt，而 IEA 的数据表明仅交通行业就产生了 58.00 Mt 二氧化碳。从统计口径的角度来看，CEADs 的数据有更详细的能源分类。例如，石油产品分为车用汽油、柴油、燃料油等，每一类油品都有相应的排放因子，而按照 IEA 的统计口径，能源品种仅分为石油产品一类。因此，IEA 采用的排放因子与 CEADs 采用的排放因子不同，导致了排放数据的差异。造成差异的另一个原因是，两个机构的能源消耗数据不同。CEADs 采用的是南非中央统计局的能源消耗数据，而 IEA 的数据有多个数据来源，如国际可再生能源署（International Renewable Energy of Agency，IRENA）等。这些机构的能源消费统计数据之间存在着明显的差距。例如，2018 年，IEA 采用的南非交通运输业、仓储和邮政使用的石油产品为 27.260 Mtoe，但 CEADs 使用的数据显示，该行业消耗的石油产品为 23.295 Mtoe。上述原因导致了 IEA 和 CEADs 在行业排放量上的差异。

本书汇总了南非 2010—2018 年的能源消费和二氧化碳排放量数据，如图 3-7 所示。

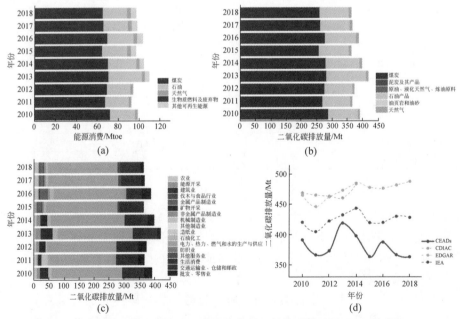

图 3-7　南非 2010—2018 年的能源消费和二氧化碳排放量（见文前彩图）

（a）一次能源消费结构；（b）化石能源碳排放量；（c）分行业化石能源消费碳排放量；（d）与国际数据库对比

数据来源简述：能源平衡表的能源分为煤炭、原油、石油、气核、水力、地热、可再生能源、电力、热力。行业分为工业、运输、电力和热能、其他。指标类型为 GDP,数据年份为 2010—2017 年,表 3.13 为南非二氧化碳排放核算的数据来源。

表 3.13 南非二氧化碳排放核算的数据来源

数 据 类 型	来　　源	网　　站
能量平衡表	南非统计局	http://www.energy.gov.za/files/media/Energy_Balances.html
排放因子	国际能源署(IEA)	https://www.iea.org/areas-of-work/global-engagement/china?language=zh
行业匹配指标	南非统计局	http://www.energy.gov.za/files/media/Energy_Balances.html
国家到区域的降尺度指标	世界银行	https://datatopics.worldbank.org/world-development-indicators/

第4章

南美洲篇

4.1 玻利维亚

（1）国家背景

玻利维亚是位于南美洲中西部的内陆国家,全国共分为9个省,法定首都为苏克雷,实际政府所在地和行政首都是拉巴斯。根据国家统计局发布的数据,2019年,玻利维亚的总人口为1151万,GDP(现价)为424亿美元[64]。虽然玻利维亚在过去几十年中经历了快速的发展,国内生产总值年增长率为4.53%[65],但仍为南美洲第二贫穷的国家,属于发展中国家。

2019年,玻利维亚农业、工业和服务业增加值占GDP的比例分别为24.07%、25.21%和50.72%[66]。其主要经济部门包括农林渔业、采矿业、纺织服装和精炼石油等。尽管玻利维亚的农业发达,但农产品加工方面还未形成大规模、产业化的发展模式,农业残余物如甘蔗、大豆、玉米、向日葵的残留物等广泛存在,并未得到充分利用[67]。玻利维亚拥有非常丰富的矿产资源,包括锡、银、锂和铜等,但关键矿产开采与加工技术依然依赖进口。玻利维亚的主要出口国为巴西、阿根廷和美国等,主要出口产品为天然气、银、锌、铅、锡、金、藜麦、大豆和豆制品;主要进口国为中国、巴西和阿根廷,进口产品为机械、石油产品、车辆、钢铁、塑料等。

在促进能源可持续发展方面,玻利维亚积极采取措施以减缓气候变化,致力于提高可再生能源利用率[24],促进清洁能源技术的普及。玻利维亚政府采取的主要行动包括:建设水电站(中小型水电站、大型水电站和多用途水电站)以及促进可再生能源的发展(风能、地热能和太阳能),来改变以石油、天然气为主的化石能源消费结构。为应对全球气候变化,玻利维亚的国家自主贡献(INDC)指出优先考虑将水、能源、森林和农业领域的减缓和适应行动联系起来。

（2）一次能源消费结构

玻利维亚化石能源消费占一次能源消费结构的比例接近91.18%,主要以石油产品与天然气为主,几乎没有煤炭的消费。2018年,石油产品消费占比45.46%,天

然气消费占比 45.72%。此外,以水能为主的可再生能源消费占一次能源消费的
2.71%;生物质消费占一次能源消费比例为 6.11%。

（3）化石能源碳排放特征

天然气和石油产品消费是玻利维亚化石能源碳排放的主要来源。2010 年,天
然气消费产生的二氧化碳排放量为 6.59 Mt,占化石能源碳排放量的 41.28%,且
呈现出持续增长的趋势,至 2018 年,天然气消费产生的二氧化碳排放量已达
10.04 Mt,占化石能源碳排放量的比例达 44.33%。此外,2018 年石油产品消费所
产生的二氧化碳排放量为 12.59 Mt,占化石能源碳排放量的比例达 55.53%。其
中,汽油和柴油是玻利维亚主要使用的石油产品。

（4）分行业化石能源消费碳排放贡献

玻利维亚的化石能源消费产生的二氧化碳排放主要来源于交通运输业、仓储和
邮政以及电力、热力、燃气和水的生产与供应行业。交通运输业、仓储和邮政消费化
石能源所产生的碳排放量自 2010 年以来一直呈现增长态势,从 2010 年的 7.01 Mt
增长到 2018 年的 11.49 Mt,占化石能源碳排放总量的比例从 43.89%增长到
50.76%。此外,随着经济的发展,玻利维亚电力、热力、燃气和水的生产与供应行
业消费化石能源产生的二氧化碳排放量逐年增加,由 2010 年的 4.24 Mt（占比
26.54%）增长到 2018 年的 6.13 Mt（占比 27.06%）。

（5）区域间排放异质性

玻利维亚全国共分为 9 个省,分别是贝尼、丘基萨卡、科恰班巴、拉巴斯、奥鲁
罗、潘多、波多西、塔里哈和圣克鲁斯省。圣克鲁斯是全国最大城市和主要的工业
中心,由于区域内繁华的经济工业活动,其成为玻利维亚化石能源二氧化碳排放量
最高的区域,在 2018 年化石能源消费产生的二氧化碳排放量为 7.25 Mt（占比
32.01%）。此外,拉巴斯是玻利维亚的政府所在地和行政首都,2018 年的化石能
源消费产生的碳排放量为 5.87 Mt,占该国化石能源碳排放的 25.92%。玻利维亚
化石能源碳排放第三的地区是科恰班巴,2018 年科恰班巴化石能源消费产生的碳
排放量为 4.73 Mt,占该国化石能源碳排放的 20.90%。玻利维亚 2018 年分区域
碳排放量如表 4.1 所示。

表 4.1　玻利维亚 2018 年分区域碳排放量

区 域 名 称	二氧化碳排放量/Mt	区 域 名 称	二氧化碳排放量/Mt
Chuquisaca	0.95	Potosí	1.01
Cochabamba	4.73	Santa Cruz	7.25
La Paz	5.87	Tarija	1.08
Oruro	1.27	Beni	0.40
Pando	0.08		

（6）生物质碳排放特征

2018 年,生物质能消费约占一次能源消费结构的 6.11%,主要用于生活消费

行业、伐木与食品行业。玻利维亚的生物质种类主要包括粪便、绿色残留物[68],由于玻利维亚生物质来源主要为可持续再生资源,全生命周期具有"零碳"属性,在整体二氧化碳核算过程中,不应将生物质能源计入总体碳排放。

（7）碳排放趋势

2010—2018 年,玻利维亚化石能源消费产生的二氧化碳排放量增长相对平缓,由 15.97 Mt 增长到 22.64 Mt,年均增长率为 4.46%。

（8）与国际数据库对比

在统一核算口径下,即不包含生物质排放时,CEADs 核算的玻利维亚化石能源二氧化碳排放量与 EDGAR、CDIAC 在 2017 年前的数据基本保持一致,但总体略高于 IEA 数据,整体趋势误差在 8% 左右。由于 CEADs 与 IEA 所使用的玻利维亚能源平衡表均来源于玻利维亚碳氢化合物部,可推测误差是由所采用的化石能源排放因子不同导致的。2017 年以后,CEADs 核算的化石能源二氧化碳排放数据相比于 EDGAR 数据,增速相对较快;而 CEADs 与 IEA 数据的增长趋势则相对保持一致。

本书汇总了玻利维亚 2010—2018 年的能源消费和二氧化碳排放量数据,如图 4-1 所示。

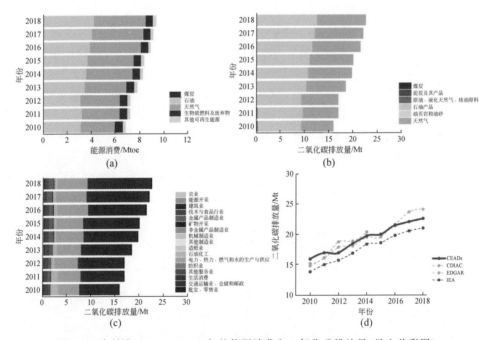

图 4-1 玻利维亚 2010—2018 年的能源消费和二氧化碳排放量(见文前彩图)

(a) 一次能源消费结构;(b) 化石能源碳排放量;(c) 分行业化石能源消费碳排放量;(d) 与国际数据库对比

数据来源简述:从玻利维亚能源署网站上获取了玻利维亚 2010—2018 年能源平衡表,其中包含了玻利维亚 25 种一次能源品种与二次能源品种的能源加工转换数据,以及 7 个大类经济行业的能源消费数据。CEADs 通过联合国商品贸易统计出口数据,对分行业的二氧化碳排放量进行计算,通过分地区的 GDP 数据,对国家级数据进行了降尺度到区域级。表 4.2 为玻利维亚二氧化碳排放核算的数据来源。

表 4.2　玻利维亚二氧化碳排放核算的数据来源

数据类型	来　　源	网　　站
能源平衡表	玻利维亚碳氢化合物部	https://www.hidrocarburos.gob.bo/
排放因子	政府间气候变化专门委员会(IPCC)	https://www.ipcc-nggip.iges.or.jp/EFDB/
行业匹配指标	联合国商品贸易统计数据库(UN Comtrade),出口数据	https://comtrada.un.org
国家到区域的降尺度指标	玻利维亚统计局	https://www.ine.gob.bo/

4.2　危地马拉

(1) 国家背景

危地马拉是中美洲西北部的一个总统共和制国家,与墨西哥、伯利兹、洪都拉斯等国家接壤,东临加勒比海,南濒太平洋,全国共分为 22 个省,国土面积 108 900 km^2,2018 年人口为 1725 万,GDP 为 731.2 亿美元(2018 年现价)[65]。危地马拉受内战影响,经济长期停滞,1996 年《最终和平协议》生效后,危地马拉经济恢复增长。2003—2008 年,GDP 年均增长率达 4%。它是中美洲人口最多的国家,同时也是中美洲甚至是拉丁美洲,贫困率最高、收入最不平等的国家。2014 年危地马拉贫困率最高达到了 59.3%,2019 年为 49.3%[65]。

危地马拉的经济以农业为主,2018 年农业增加值占 GDP 的比例为 13.54%,主要生产咖啡、甘蔗、香蕉和豆蔻等经济作物,并向北美、中美、欧洲等地区出口。然而,由于 65% 的土地被 2.5% 的农场控制[69],土地使用权的分配非常不均衡,造成从事农业生产的人口收入较低、贫困率高。此外,危地马拉工业基础薄弱,工业原料、主要消费品依赖进口,2018 年工业增加值约占 GDP 的 25%。

值得注意的是,农业、牲畜、薪材、非法采伐和森林火灾给危地马拉可持续发展带来了巨大压力。该国目前正在加强国家计划,积极与国际组织开展合作,以更好地管理其自然资源,减少因农业发展和居民生活而导致的森林砍伐与森林退化问题,并改善生计。此外,危地马拉在 2015 年提交了该国的国家自主贡献,提出与基准情景相比,到 2030 年减少 11.2% 的温室气体排放量(53.85 Mt 的二氧化碳排放量)。并且,在国际资源的支持下,这一目标可以提高到 22.6%[24]。

（2）一次性能源消费结构

危地马拉化石能源消费占一次能源消费结构的比例为 39.23%，且主要以煤炭和石油产品为主，几乎没有天然气的消费。2018 年，煤炭消费占比 10.54%，石油产品消费占比 28.69%。此外，以水能为主的其他可再生能源消费占一次能源消费的 5.88%；生物质占一次能源消费比例达 54.89%。

（3）化石能源碳排放特征

石油产品和煤炭消费是危地马拉化石能源碳排放的主要来源。其中，石油产品消费是其最大的碳排放来源，2018 年石油产品消费产生的二氧化碳排放量为 13.34 Mt，占该国化石能源碳排放量的 64.97%，这一比例从 2010 年的 82.69% 逐渐下降。在其石油产品中，柴油和汽油是石油制产品中的主要类型。其他石油产品，如燃料油、石油液化气、煤油及涡轮机在危地马拉也有使用，并造成了一定的二氧化碳排放。2010 年煤炭消费所产生的碳排放量为 2.12 Mt，占化石能源碳排放量的 17.31%；2018 年产生的碳排放量为 7.19 Mt，占化石能源碳排放量的 35.03%，增长速度明显。

（4）分行业化石能源消费碳排放贡献

危地马拉的化石能源消费产生的二氧化碳排放主要来源于交通运输业、仓储和邮政。2018 年，交通运输业、仓储和邮政消费化石能源所产生的二氧化碳排放量为 10.52 Mt，占化石能源碳排放总量的 51.23%，相比于 2010 年以每年 5.15% 的排放速度增长。电力、热力、燃气和水的生产和供应行业是危地马拉的第二大化石能源碳排放行业，且增长较快，由 2010 年的 3.16 Mt（占比 25.77%）上升到 2018 年的 6.36 Mt（占比 30.98%）。生活消费是危地马拉的第三大化石能源碳排放行业，2018 年为 0.96 Mt，占化石能源碳排放总量的 4.65%。

（5）区域间排放异质性

危地马拉划分为 22 个省，不同省份化石能源消费产生的二氧化碳排放的高低主要取决于人口的数量。由于 20% 的人口居住在危地马拉省，这使得危地马拉省成为该国化石能源碳排放最高的区域，2018 年化石能源消费产生的碳排放量为 4.15 Mt，占该国化石能源碳排放总量的 20.21%。位于其西北部的四省（圣马科斯、韦韦特南戈、基切和上韦拉帕斯）人口合计占危地马拉总人口的 29%，2018 年化石能源二氧化碳排放量总和为 5.87 Mt，占该国二氧化碳排放总量的 28.57%。其余 17 个省份人口稀少，2018 年化石能源二氧化碳排放量总和为 10.52 Mt，占该国二氧化碳排放总量的 51.22%。危地马拉 2018 年分区域碳排放量如表 4.3 所示。

（6）生物质碳排放特征

2018 年，危地马拉的生物质能消费占一次能源消费结构的 54.89%，主要用于生活消费。危地马拉的生物质种类主要包括木柴和蔗渣，2018 年分别占生物质能源结构的 85.01% 和 14.86%。当地居民主要通过砍伐森林获得木柴，进而用于家庭烹饪和取暖,对环境产生了较大的影响,为不可持续利用资源,因此在整体碳核算过程中,应计入总体碳排放。而甘蔗渣等作物来源于反复种植的农田,为可持续再生资源,全生命周期具有"零碳"属性,在整体碳核算过程中,不应计入总体碳排放。木柴消费产生的二氧化碳排放量从 2010 年的 26.29 Mt 增长至 2018 年的 34.12 Mt。

表 4.3 危地马拉 2018 年分区域碳排放量

区 域 名 称	二氧化碳排放量/Mt	区 域 名 称	二氧化碳排放量/Mt
Alta Verapaz	1.57	Petén	0.76
Baja Verapaz	0.42	Quiché	1.27
Chimaltenango	0.89	Retalhuleu	0.47
Chiquimula	0.56	Sacatepéquez	0.50
El Progreso	0.27	San Marcos	1.41
Escuintla	0.97	Santa Rosa	0.56
Guatemala	4.15	Sololá	0.59
Huehuetenango	1.62	Suchitepéquez	0.75
Izabal	0.56	Totonicapán	0.61
Jalapa	0.50	Zacapa	0.36
Jutiapa	0.68	Quezaltenango	1.08

(7)碳排放趋势

2010—2018 年,危地马拉的化石能源二氧化碳排放量呈现一定的增长态势,从 12.25 Mt 增至 20.53 Mt,增加了 67.66%,在此期间,生物质消费所产生的碳排放量从 26.29 Mt 增加到 34.12 Mt,年均增长率为 3.31%。

(8)与国际数据库对比

在统一核算口径下,即不包含生物质排放时,CEADs 核算的危地马拉化石能源二氧化碳排放量与 IEA、EDGAR 和 CDIAC 发布的结果基本一致。主要的差距在于 2014 年的核算结果,EDGAR 数据显示 2014—2015 年危地马拉化石能源二氧化碳排放量有所下降,而 CEADs 发布的数据显示该时间段化石能源二氧化碳排放量并没有下降。根据 CEADs 从危地马拉能源矿产部收集的危地马拉能源平衡表,2014—2015 年,危地马拉的能源消费量从 73.712 Mtoe 增长到 77.989 Mtoe,能源消费增长了 6%左右,因此本书认为 2014—2015 年化石能源二氧化碳排放不应下降。

IEA、EDGAR 和 CDIAC 等机构的统计数据并不包含生物质排放数据,当包含生物质消费所产生的二氧化碳时,2018 年 CEADs 核算的二氧化碳排放数据为 60.62 Mt。

本书汇总了危地马拉 2010—2018 年的能源消费和二氧化碳排放量数据,如图 4-2 所示。

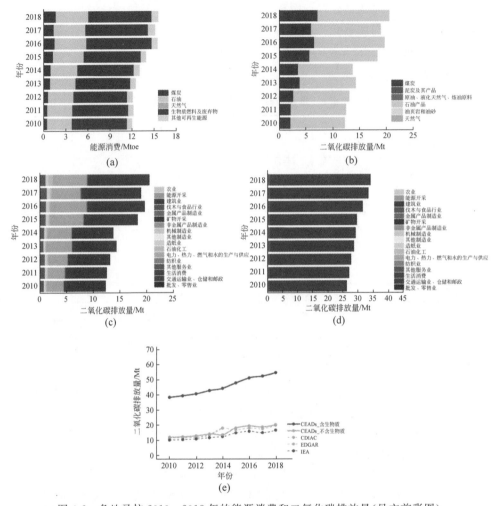

图 4-2　危地马拉 2010—2018 年的能源消费和二氧化碳排放量(见文前彩图)

（a）一次能源消费结构；（b）化石能源碳排放量；（c）分行业化石能源消费碳排放量；

（d）生物质碳排放量；（e）与国际数据库对比

　　数据来源简述：从危地马拉能源矿产部网站上获取了 2010—2018 年的能源平衡表，其中包含了危地马拉 17 种一次能源品种与二次能源品种的能源加工转换数据。危地马拉的能源平衡表中只包含了 4 个经济行业的能源消费数据，包括交通、工业、居民、商业与服务业。本书使用了联合国商品贸易统计出口数据，对经济行业大类的数据进行了拆分，还使用了危地马拉国家统计局发布的分区域的人口数据对国家层面的二氧化碳排放进行了降尺度。表 4.4 为危地马拉二氧化碳排放核算的数据来源。

表 4.4　危地马拉二氧化碳排放核算的数据来源

数据类型	来源	网站
能源平衡表	危地马拉能源矿产部	https://mem.gob.gt/
排放因子	政府间气候变化专门委员会（IPCC）	https://www.ipcc-nggip.iges.or.jp/EFDB/
行业匹配指标	联合国商品贸易统计数据库（UN Comtrade），出口数据	https://comtrada.un.org
国家到区域的降尺度指标	危地马拉统计局	https://www.ine.gob.gt/ine/portal-estadistico-1-0/

4.3　牙买加

（1）国家背景

牙买加是一个位于加勒比海的岛国，占地 10 990 km^2，是大安的列斯群岛和加勒比地区的第三大岛。根据国家统计局的数据，牙买加 2019 年的总人口为 273.41 万[70]，是美洲第三大人口大国和加勒比地区第四大人口大国，且有普遍年轻化的倾向，约 60% 的人口年龄在 29 岁以下。2019 年，GDP 为 164.6 亿美元（现价），同比增长 0.70%；与 2010 年 GDP 数据相比，GDP 数据增长了 32.38 亿美元。

牙买加经济高度依赖服务业，2019 年服务业占该国 GDP 的 59.81%[66]，其中旅游业和金融业是该国经济的重要组成部分。农业和工业也对牙买加的经济起到重要贡献作用，2019 年占 GDP 的比例分别为 20.94% 和 19.25%。牙买加的自然资源相对丰富，铝矾土储量约 25 亿吨，居世界第四位，其他丰富的资源还有铜、铁、铅、锌和石膏等。贸易占国内生产总值的 25%，其主要出口国为美国、荷兰和加拿大等，主要出口产品为氧化铝、铝土矿、化学品、咖啡、矿物燃料、废金属；主要进口国为美国、哥伦比亚和日本，进口产品为食品和其他消费品、工业用品、燃料、资本货物的零件和配件、机械和运输设备、建筑材料。

针对可再生能源的发展，牙买加政府于 2010 年通过了一项国家能源政策，该政策确立了到 2030 年能源结构中可再生能源占 20% 的目标[71]，并规划到 2030 年有 33% 的发电量来自可再生能源。根据《联合国气候变化框架公约》，牙买加做出的国家自主贡献（INDC）是到 2030 年，每年减少 1.1 Mt 的二氧化碳排放量，与基准情景（business as usual，BAU）相比，将减少 7.8% 的二氧化碳排放量。

（2）一次能源消费结构

牙买加的化石能源消费在一次能源消费结构中占比接近 93%，以石油产品消费为主。2018 年，石油产品消费占比 88.06%，天然气消费占比 2.78%，煤炭消费占比 2.08%。其中，受国内外能源结构转型的影响，煤炭消费占比呈逐年下降的趋势。此外，风能、太阳能及其他可再生能源占一次能源消费的 1.32%；生物质占一次能源消费比例为 5.77%。

（3）化石能源碳排放特征

石油产品消费是牙买加化石能源碳排放的主要来源。2018年,石油产品消费产生二氧化碳排放量8.19 Mt,占化石能源碳排放量的94.44%。相比之下,煤炭对化石能源碳排放量的贡献相对较小,且变化不大,占化石能源碳排放的比例从2010年的1.29%增至2018年的2.92%。

（4）分行业化石能源消费碳排放贡献

牙买加的化石能源消费产生的二氧化碳排放主要来自机械制造业和电力、热力、燃气和水的生产与供应行业。2015年以来,机械制造业消费化石能源所产生的二氧化碳排放量呈上升趋势,2018年达到3.23 Mt,占化石能源碳排放总量的37.25%。电力、热力、燃气和水的生产与供应行业是牙买加第二大化石能源碳排放行业,2018年化石能源消费产生的二氧化碳排放量为2.45 Mt,占化石能源碳排放量的28.25%。此外,牙买加的石油化工行业的化石能源碳排放量也急剧增加,从2010年的0.11 Mt增加到2018年的2.24 Mt。

（5）生物质碳排放特征

2018年,牙买加的生物质能消费占一次能源消费结构的5.77%,主要用于生活消费行业和石油化工等行业。生物质种类主要包括甘蔗渣、木材和城市固体废物。当地居民主要通过砍伐森林获取木材,并用于家庭烹饪和取暖,对环境产生了较大的影响,因此不可持续利用,在整体碳核算过程中,应计入总体排放体系。牙买加也使用甘蔗渣、城市固体废物等生物质废料,为可持续再生的资源,全生命周期具有"零碳"属性,在整体碳核算过程中,不应计入排放体系。从时间趋势上看,木材消费产生的二氧化碳排放量呈先上升后下降的趋势,从2010年的0.91 Mt上升到2014年的1.1 Mt,又下降至2018年的0.63 Mt。由于统计口径变化,2014年及之后发布的能源平衡表中,原本在2013年及以前划归"农业"的生物质燃料消费量被划入"其他消费"部门,统计口径变更导致2014年以后农业部门的生物质碳排放量核算结果升高,其他消费的生物质碳排放量核算结果降低。

（6）碳排放趋势

2010—2018年,牙买加的化石能源二氧化碳排放量呈现增长趋势,从2010年的7.11 Mt增至2018年的8.67 Mt,增加了22%。在此期间,生物质消费所产生的二氧化碳排放量从0.91 Mt降到0.63 Mt。

（7）与国际数据库对比

在统一核算口径下,即不包含生物质排放时,CEADs核算的牙买加二氧化碳排放量与其他机构核算的二氧化碳排放统计数据的年变化趋势几乎相同,但是与EDGAR等国际机构每年核算的数值有一定差距。具体来说,与EDGAR的统计数据相比,2017年,CEADs核算的二氧化碳排放数值更低,然而从2018年开始,CEADs的统计数据开始超过EDGAR的统计数据。对于IEA的统计数据,2016年,CEADs的数值与IEA的数值几乎相同,但自2017年开始,两者的数值开始相互超越。此外,CEADs的数据有更详细的能源分类。例如,石油产品分为车用汽

油、柴油、燃料油等,每一类油品都有相应的排放因子,而按照 IEA 的统计口径,能
源品种仅分为石油产品一类。因此,CEADs 采用的排放因子与 IEA 采用的排放
因子不同,这也导致了碳排放数据的差异。造成差异的另一个原因是 CEADs 和
IEA 采用的能源消费数据不同。CEADs 采用的是牙买加统计局的能源消费数据,
而 IEA 的数据有多个来源,如国际可再生能源署(IRENA)等,这些机构的能源消
费统计数据之间存在着明显的差距,进而导致了 CEADs 和 IEA 核算的二氧化碳
排放数据的差异。

IEA、EDGAR 和 CDIAC 等机构的统计数据不包含生物质排放数据,当包含生
物质消费所产生的二氧化碳时,2018 年,CEADs 核算数据为 3.86 Mt。

本书汇总了牙买加 2010—2018 年的能源消费和二氧化碳排放量数据,如图 4-3
所示。牙买加 2018 年分区域碳排放量如表 4.5 所示。

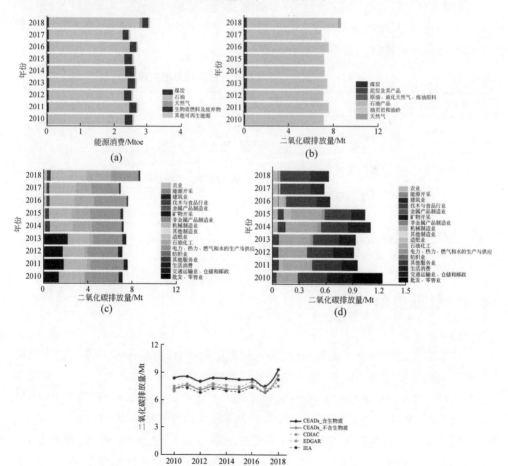

图 4-3 牙买加 2010—2018 年的能源消费和二氧化碳排放量(见文前彩图)
(a) 一次能源消费结构;(b) 化石能源碳排放量;(c) 分行业化石能源消费碳排放量;
(d) 生物质碳排放量;(e) 与国际数据库对比

表 4.5　牙买加 2018 年分区域碳排放量

区 域 名 称	二氧化碳排放量/Mt	区 域 名 称	二氧化碳排放量/Mt
Hanover	0.62	Saint James	0.62
Saint Mary	0.62	Trelawny	0.62
Kingston	0.62	Westmoreland	0.62
Portland	0.62	Clarendon	0.62
Saint Andrew	0.62	Manchester	0.62
Saint Thomas	0.62	Saint Ann	0.62
Saint Elizabeth	0.62	Saint Catherine	0.62

　　数据来源简述：能源平衡表的能源分为煤炭、原油、汽油、柴油、涡轮、航空、航空煤油、燃料油、液化石油气、原料、其他非能源产品、木柴、木炭、甘蔗渣、水电、风能、太阳能(PV)、电力。这些行业分为制造、农业、采矿/铝土矿、家庭、服务、建筑、电力和热力，降尺度指标类型为 GDP，数据年份为 2010—2018 年。表 4.6 为牙买加二氧化碳排放核算的数据来源。

表 4.6　牙买加二氧化碳排放核算的数据来源

数 据 类 型	来　　源	网　　站
能源平衡表	牙买加统计局	https://www.mset.gov.jm/document-category/energy-balances/
排放因子	国际能源署	https://www.iea.org/areas-of-work/global-engagement/china?language=zh
行业匹配指标	牙买加统计局	https://statinja.gov.jm/BusinessStatistics.aspx
国家到区域的降尺度指标	牙买加统计局	https://statinja.gov.jm/BusinessStatistics.aspx

4.4　厄瓜多尔

(1) 国家背景

　　厄瓜多尔的大陆位于南美洲西北部，与哥伦比亚、秘鲁等国家相邻。它还包括太平洋上的加拉帕戈斯群岛，位于厄瓜多尔大陆以西约 1000 km 处。2018 年厄瓜多尔人口约 1708 万，GDP 为 1076 亿美元(2018 年现价)，人均 GDP 约为 6300 美元，大约 64% 的人口生活在城市[65]，属于中等收入的发展中国家。

　　厄瓜多尔的农业发展相对缓慢，主要农产品包括香蕉、咖啡、可可、花卉等，是世界上最大的香蕉出口国[72]。工业基础较为薄弱，石油业是厄瓜多尔第一大经济支柱。尽管该国的石油与天然气蕴藏丰富，但因缺乏适当的炼油设备，仍以原油出口为主。其能源结构高度依赖石油及其衍生品，80% 以上的能源供应来自石油[73]。目前，厄瓜多尔政府正努力通过增加可再生能源或天然气的供应来实现初级能源供应的多样化。

自 2010 年以来,水电的份额迅速增加,现已是厄瓜多尔重要的发电来源之一。厄瓜多尔是《联合国气候变化框架公约》的签署国,已将减缓气候变化作为其国家目标之一,并制定了《2012—2025 年国家气候变化战略》。在其国家自主贡献承诺中,厄瓜多尔的目标是在 2025 年前将水力发电占可再生能源发电的比例提高到 90% 甚至更高,并将能源消费产生的二氧化碳排放量较基准情景减少 20.4%～ 25%。如果得到国际社会的支持,这一减排潜力可以进一步提高到 37.5%～ 45.8%[24]。

（2）一次能源消费结构

厄瓜多尔的化石能源消费占一次能源结构的比例接近 83.66%,以石油产品为主,几乎没有煤炭的消费。2018 年,石油产品消费占比 80.12%,天然气消费占比 3.54%。此外,以水能为主的其他可再生能源占一次能源消费的 12.78%;生物质占一次能源消费比例为 3.56%。

（3）化石能源碳排放特征

在化石能源消费所产生的二氧化碳排放中,石油产品消费是厄瓜多尔化石能源碳排放的最主要来源。2018 年,石油产品消费产生二氧化碳排放量 37.35 Mt,占化石能源碳排放量的 96.66%。此外,天然气也是厄瓜多尔重要的化石能源,2016 年以来,天然气消费产生的二氧化碳排放量呈下降趋势,2018 年为 1.29 Mt。

（4）分行业化石能源消费碳排放贡献

厄瓜多尔的化石能源消费产生的二氧化碳排放主要来自交通运输业、仓储和邮政,该行业消费化石能源所产生的二氧化碳排放量从 2010 年的 13.33 Mt（占比 44.26%）增加到 2018 年的 20.64 Mt（占比 53.42%）,年均增长率为 5.62%,交通领域主要使用汽油和柴油两种化石能源。电力、热力、燃气和水的生产和供应行业是厄瓜多尔第二大化石能源碳排放行业,其化石能源碳排放量从 2010 年的 8.89 Mt 降到 2018 年的 6.39 Mt,分别占化石能源碳排放总量的 28.19% 和 16.53%。其中,天然气、燃料油、柴油和其他一些石油产品常用作火力发电燃料,产生了较多的碳排放。建筑业是第三大化石能源碳排放行业,2018 年碳排放量为 3.26 Mt,占化石能源碳排放总量的 8.44%。

（5）区域间排放异质性

厄瓜多尔共划分为 24 个省,总体来看,东部地区的化石能源二氧化碳排放量较高,而西部地区的化石能源二氧化碳排放量较低。厄瓜多尔的化石能源二氧化碳排放主要集中在瓜亚斯省和皮钦查省。瓜亚斯省是厄瓜多尔人口最多的省份,人口超过 300 万,2018 年,瓜亚斯省的化石能源碳排放量为 9.67 Mt,占该国化石能源碳排放的 25.01%。皮钦查省是厄瓜多尔的首都所在地,2018 年,皮钦查省的化石能源碳排放量为 9.42 Mt,占该国化石能源碳排放量的 24.38%。厄瓜多尔 2018 年分区域碳排放量如表 4.7 所示。

表 4.7　厄瓜多尔 2018 年分区域碳排放量

区 域 名 称	二氧化碳排放量/Mt	区 域 名 称	二氧化碳排放量/Mt
Azuay	2.73	Manabi	2.82
Bolivar	0.33	Morona Santiago	0.29
Cañar	0.61	Napo	0.56
Carchi	0.38	Orellana	0.38
Chimborazo	0.90	Pastaza	0.19
Cotopaxi	0.96	Pichincha	9.42
El Oro	1.31	Santa Elena	0.55
Esmeraldas	1.21	Santo Domingo de los Tsachilas	0.76
Galápagos	0.15		
Guayas	9.67	Sucumbios	0.46
Imbabura	0.90	Tungurahua	1.59
Loja	0.88	Zamora Chinchipe	0.20
Los Rios	1.39		

(6) 生物质碳排放特征

2018 年厄瓜多尔的生物质能消费占一次能源消费结构的 3.56%,主要用于生活消费。厄瓜多尔的生物质能主要包括木柴和以蔗渣为代表的作物废料,2018 年分别占生物质能源结构的 43.61% 和 52.41%。当地居民主要通过砍伐森林获取木柴,并用于家庭烹饪和取暖,对环境产生了较大的影响,为不可持续利用资源,在整体碳核算过程中,应计入总体碳排放。此外,蔗渣等作物废料的利用正在迅速增长,这部分生物质为可持续再生资源,在整体碳核算过程中,不应计入总体碳排放。2010—2018 年,木柴消费产生的二氧化碳排放保持轻微波动,从 2010 年的 1.55 Mt 降至 2018 年的 1.19 Mt。

(7) 碳排放趋势

2010—2014 年,化石能源消费所产生的二氧化碳排放量一直呈现增长态势,从 2010 年的 31.54 Mt 增长到 2014 年的 39.55 Mt。2015 年化石能源二氧化碳排放量有所下降,随后呈现波动增长态势,2018 年,厄瓜多尔的化石能源二氧化碳排放量为 38.64 Mt。在此期间,生物质消费所产生的碳排放量保持轻微下降,从 2010 年的 1.55 Mt 降至 2018 年的 1.19 Mt。

(8) 与国际数据库对比

在统一核算口径下,即不包含生物质排放时,CEADs 核算的厄瓜多尔化石能源二氧化碳排放量总体低于 EDGAR 和 CDIAC 发布的数据,与 IEA 数据较为接近,在 2014 年以前保持基本相同的增长趋势,2014 年以后两者的数值开始相互超越,但两者的数值差距在 3% 以内。从使用的原始数据来看,CEADs 的能源平衡表数据来自厄瓜多尔能源与不可再生资源部,IEA 的能源平衡表数据来自厄瓜多尔地质调查局,因此原始数据存在的差异,可能是导致核算的二氧化碳排放数据不同的原因。

　　IEA、EDGAR 和 CDIAC 等机构的统计数据并不包含生物质排放数据,当包含生物质消费所产生的二氧化碳时,2018 年 CEADs 核算的二氧化碳排放数据为41.17 Mt。

　　本书汇总了厄瓜多尔 2010—2018 年的能源消费和二氧化碳排放量数据,如图 4-4 所示。

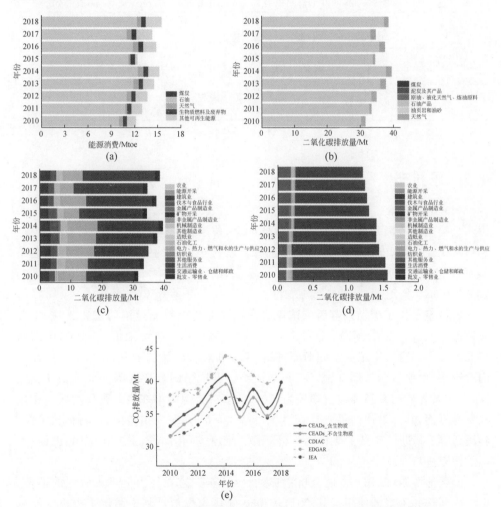

图 4-4　厄瓜多尔 2010—2018 年的能源消费和二氧化碳排放量(见文前彩图)
　　(a) 一次能源消费结构;(b) 化石能源碳排放量;(c) 分行业化石能源消费碳排放量;
　　(d) 生物质碳排放量;(e) 与国际数据库对比

　　数据来源简述:我们从厄瓜多尔能源与不可再生自然资源部网站上获取了厄瓜多尔 2010—2018 年能源平衡表,其中包含了厄瓜多尔 22 种一次与二次能源品种的能源加工转换数据,以及 7 个大类经济行业的能源消费数据。本书通过联合国商品贸易统计出口数据,对分行业的二氧化碳排放量进行计算;通过分地区的 GDP 数据,将国家级数据降尺度到了区域级。表 4.8 为厄瓜多尔二氧化碳排放核算的数据来源。

表 4.8　厄瓜多尔二氧化碳排放核算的数据来源

数 据 类 型	来　　　源	网　　　站
能源平衡表	能源与不可再生自然资源部	https://www.recursosyenergia.gob.ec/
排放因子	政府间气候变化专门委员会(IPCC)	https://www.ipcc-nggip.iges.or.jp/EFDB/
行业匹配指标	联合国商品贸易统计数据库(UN Comtrade),出口数据	https://comtrada.un.org
国家到区域的降尺度指标	中央银行	https://www.ecuadorencifras.gob.ec/cuentas-economicas/

4.5　巴拉圭

（1）国家背景

巴拉圭共和国是南美洲中部的内陆国家,位于巴拉圭河两岸,与阿根廷、巴西和玻利维亚接壤,巴拉圭的首都是亚松森。巴拉圭面积约 40.6 km^2,世界排名第 60 位。世界经济展望数据库（2020）[74] 显示,2018 年该国人口约为 700 万,人均 GDP 为 5679 美元,世界排名第 105 位。

巴拉圭是拉丁美洲最落后的国家之一。农业是巴拉圭经济的主要支柱,主要农产品有大豆、棉花、烟草、小麦和玉米等。2018 年农业增加值占 GDP 比例为 10.53%[75]。巴拉圭工业基础薄弱,以轻工业和农牧产品加工业为主,主要产品有肉类罐头、面粉、饮料、烟草、柴油、石脑油等。巴拉圭的自然资源主要包括铁、金、镁、石灰石等矿产。森林覆盖率较高,70%的森林资源集中在格兰查科地区。在国际贸易方面,其出口产品主要是豆类、木制品、棉花等,主要出口国为乌拉圭、巴西、阿根廷等;其进口产品主要有汽车、日用品、烟草、石化品等,主要从中国、巴西、美国等国家进口。

国际能源署（2016）[76] 的分析中提到,巴拉圭一直在努力促进天然气的消费,以减少薪柴和木炭的使用。其 2014—2030 年国家发展计划中制定了可再生能源目标,即到 2030 年可再生能源占总能源消耗的 60%,并将化石燃料在能源消耗中的份额减少 20%。巴拉圭最近更新的国家自主贡献批准了到 2030 年使二氧化碳排放量减少 20%的承诺,并强调可再生能源的利用是主要驱动力。

（2）一次能源消费结构

巴拉圭的化石能源消费占一次能源结构的比例接近 25.60%,以石油产品为主,2018 年,石油产品消费占比 23.18%,天然气消费占比 2.38%。一次能源结构以水能等其他可再生能源为主。2010—2016 年,以水能为主的其他可再生能源平均占比达 59.18%。在 2017 年与 2018 年,这一比例略有下降,分别为 51.43%和 50.50%。此外,生物质占一次能源消费比例达 23.90%。

（3）化石能源碳排放特征

石油产品消费是巴拉圭化石能源碳排放的最主要来源。石油产品作为巴拉圭最主要的化石能源,2018 年石油产品消费产生二氧化碳排放量为 7.99 Mt,占化石能源碳排放量的 94.77%,且 2010—2018 年呈上升趋势。天然气消费所产生的二氧化碳排放量从 2010 年的 0.19 Mt 增长到 2018 年的 0.43 Mt,增长速度较为缓慢。巴拉圭也有少量的煤炭使用,2018 年煤炭消费所产生的二氧化碳排放仅占化石能源碳排放的 0.18%。

（4）分行业化石能源消费碳排放贡献

巴拉圭的化石能源消费产生的二氧化碳排放主要来自交通运输业、仓储和邮政,该行业消费化石能源产生的二氧化碳排放量从 2010 年的 4.54 Mt 增长至 2018 年的 7.97 Mt,占化石能源碳排放总量的 94.6%,平均增长率为 7.29%。生活消费行业是巴拉圭的第二大化石能源碳排放行业,从 2010 年的 0.19 Mt 增长至 2018 年的 0.23 Mt,占化石能源碳排放总量的 2.75%。农业是巴拉圭的第三大化石能源碳排放行业,2018 年为 0.09 Mt,占化石能源碳排放总量的 1.11%。

（5）生物质碳排放特征

2018 年巴拉圭的生物质能消费占一次能源消费结构的 23.90%,主要用于生活消费行业。巴拉圭的生物质能源主要是木柴以及甘蔗渣等,2018 年分别占生物质能源结构的 69.58%和 30.42%。对于木柴的获取,只有小部分木柴经过认证是可持续来源,绝大部分来自森林砍伐。当地居民通过私自砍伐树木来收集木柴,并用于家庭烹饪和取暖,对环境产生了较大的影响,因此为不可持续利用,在整体碳核算过程中,应计入总体排放体系。巴拉圭也使用甘蔗渣、玉米等生物质废料,这一类生物质来自当地的种植园,可反复种植,为可持续再生的资源,全生命周期具有"零碳"属性,在整体碳核算过程中,不应计入排放体系。2010—2018 年,木柴消费产生的二氧化碳排放量从 2010 年的 6.19 Mt 增长至 2018 年的 8.50 Mt。

（6）碳排放趋势

2010—2018 年,巴拉圭化石能源二氧化碳排放呈快速增长态势,年均增长率为 7.03%,从 4.89 Mt 增至 2018 年的 8.43 Mt。在此期间,生物质消费所产生的二氧化碳排放量从 2010 年的 6.19 Mt 增加到 2018 年的 8.50 Mt。

（7）与国际数据库对比

在统一核算口径下,即不包含生物质排放时,CEADs 核算的巴拉圭化石能源二氧化碳排放量与 IEA、EDGAR 和 CDIAC 发布的数据结果误差较小,产生差异的主要原因：①CEADs 与 IEA、EDGAR 和 CDIAC 的排放因子选取有所差别；②CEADs 数据具有更为详细的能源分类,而其他机构对能源品种的统计口径比较模糊。

IEA、EDGAR 和 CDIAC 等机构的统计数据并不包含生物质排放数据,当包含生物质消费所产生的二氧化碳时,2018 年 CEADs 核算的二氧化碳排放数据为 20.37 Mt。

本节汇总了巴拉圭 2010—2018 年的能源消费和二氧化碳排放量数据,如图 4-5 所示。

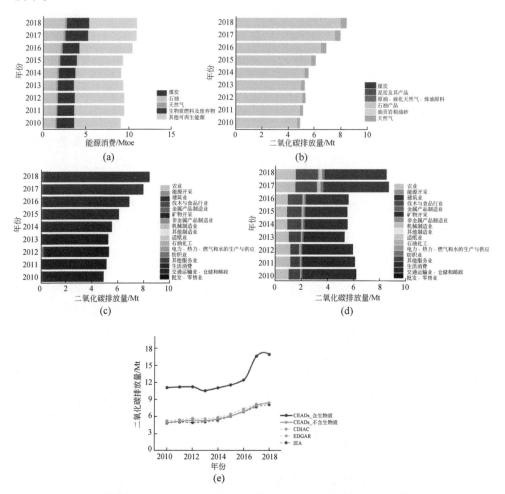

图 4-5　巴拉圭 2010—2018 年的能源消费和二氧化碳排放量(见文前彩图)

(a) 一次能源消费结构;(b) 化石能源碳排放量;(c) 分行业化石能源消费碳排放量;
(d) 生物质碳排放量;(e) 与国际数据库对比

数据来源简述:巴拉圭的能源平衡表中列出了 15 个能源品种,其中主要的能源品种有汽油、柴油和木柴等。巴拉圭能源平衡表中将行业分为了 4 个,分别是居民消费、交通行业、工业和其他行业。表 4.9 为巴拉圭二氧化碳排放核算的数据来源。

表 4.9 巴拉圭二氧化碳排放核算的数据来源

数据类型	来　源	网　站
能源平衡表	巴拉圭统计局	http://www.dgeec.gov.py/
排放因子	政府间气候变化专门委员会（IPCC）	https://www.ipcc-nggip.iges.or.jp/EFDB/
行业匹配指标	联合国商品贸易统计数据库（UN Comtrade），出口数据	https://comtrada.un.org

4.6 哥伦比亚

（1）国家背景

哥伦比亚横跨南美洲和北美洲大陆，主要位于南美洲西北部，由 32 个省和该国最大的城市波哥大首都区组成，与委内瑞拉、巴西等国家接壤。2018 年，哥伦比亚的人口为 5034 万，GDP 为 3310 亿美元（现价）[65]。

哥伦比亚的支柱产业是工业，2020 年，工业增加值占 GDP 的比例约为 23.78%[77]。自然资源丰富，森林面积约 593 100 km²，占国土面积的 51.9%，主要矿藏有煤炭、石油、绿宝石。绿宝石储量世界第一，出口量常年占全球祖母绿市场的 50%。哥伦比亚主要出口产品是能源产品、咖啡，是拉丁美洲第四大石油生产国、世界第四大煤炭生产国和第三大咖啡出口国[78]，主要国际贸易对象为美国、中国、墨西哥和日本。

·哥伦比亚可再生能源发展较快，其水力发电已占装机容量的 65% 以上[79]。这得益于政府积极的政策和行动，哥伦比亚政府在 2014 年推出了可再生能源法，旨在通过减税或免税等间接激励措施促进可再生能源的开发和使用。此外，哥伦比亚已承诺减少国内的森林砍伐，以保护重要的生态系统，特别是亚马孙地区的森林[24]。同时承诺到 2030 年将温室气体排放量比基准情景减少 20%，并在获得国际支持的情况下减少 30%，这意味着到 2030 年将减少 67.0~100.5 Mt 二氧化碳。

（2）一次能源消费结构

哥伦比亚的化石能源消费占一次能源结构的比例接近 71.62%，以石油产品为主。2018 年，煤炭消费占比 9.00%，石油产品消费占比 39.68%，天然气消费占比 22.93%。此外，以水能为主的其他可再生能源消费占一次能源消费的 15.74%；生物质占一次能源消费比例达 12.64%。

（3）化石能源碳排放特征

在化石能源消费所产生的二氧化碳排放中，石油产品消费是哥伦比亚化石能源碳排放的最主要来源，其消费所产生的二氧化碳排放量从 2010 年的 36.88 Mt 增长至 2018 年的 44.93 Mt，分别占当年化石能源碳排放量的 50.25% 和 55.79%。在石油产品中，柴油和汽油是能源消费的两个主要类型。其他石油产品，如燃料油、液化石油气和煤油及喷气燃料在哥伦比亚也有相应的使用,并产生一定的碳排放。2018 年,天然气消费产生的二氧化碳排放量为 20.36 Mt,占化石能源碳排放量的 25.28%。此外,煤炭消费产生的二氧化碳排放量占化石能源碳排放量的 18.93%。

(4)分行业化石能源消费碳排放贡献

哥伦比亚的化石能源消费产生的二氧化碳排放主要来自交通运输业、仓储和邮政。2018 年,该行业化石能源消费产生的二氧化碳排放量为 37.16 Mt,占化石能源碳排放总量的 46.14%。电力、热力、燃气和水的生产和供应行业是哥伦比亚的第二大化石能源碳排放行业,2010—2018 年,该行业消费化石能源所产生的二氧化碳排放量呈下降趋势,由 2010 年的 19.18 Mt(占比 26.13%),下降至 2018 年的 16.81 Mt(占比 20.87%),年均下降速度为 1.63%。

(5)区域间排放异质性

哥伦比亚一级行政区分 32 个省和波哥大首都区,总体来看,化石能源二氧化碳排放呈现出西北部高,东南部低的态势,与该国经济活动以及人口的分布情况高度一致。梅塔省和塞萨尔省分别是哥伦比亚化石能源二氧化碳排放的第一和第二大省,其化石能源碳排放量在 2018 年分别高达 24.70 Mt 和 13.15 Mt,占该国化石能源碳排放量的 30.67% 和 16.33%。哥伦比亚 2018 年分区域碳排放量如表 4.10 所示。

表 4.10　哥伦比亚 2018 年分区域碳排放量

区 域 名 称	二氧化碳排放量/Mt	区 域 名 称	二氧化碳排放量/Mt
Amazonas	0.00	La Guajira	7.43
Antioquia	3.73	Magdalena	0.07
Arauca	2.71	Meta	24.70
Atlántico	0.17	Nariño	0.21
Bolívar	1.21	Norte de Santander	0.76
Boyacá	3.10	Putumayo	1.93
Caldas	0.28	Quindío	0.05
Caquetá	0.03	Risaralda	0.08
Casanare	10.52	San Andrés y Providencia	0.00
Cauca	0.30	Santander	4.14
Cesar	13.15	Sucre	0.07
Chocó	0.54	Tolima	1.03
Cundinamarca	1.38	Valle del Cauca	0.24
Guainía	0.03	Vaupés	0.00
Guaviare	0.00	Vichada	0.00
Huila	1.48	Chubut	1.19

（6）生物质碳排放特征

2018 年哥伦比亚的生物质能消费占一次能源消费结构的 12.64%，主要用于生活消费行业。哥伦比亚的生物质能源主要是木柴、生物柴油以及以蔗渣为代表的作物废料。当地居民主要通过砍伐森林获得木柴，并用于家庭烹饪和取暖，对环境产生了较大的影响，为不可持续利用资源，在整体碳核算过程中，应计入总体碳排放。哥伦比亚也使用生物柴油以及以蔗渣为代表的作物废料，这类生物质来自当地的种植园，可反复种植，为可持续再生的资源，全生命周期具有"零碳"属性，在整体碳核算过程中，不应计入排放体系。2010—2018 年，木柴消费产生的二氧化碳排放量从 2010 年的 17.58 Mt 降至 2018 年的 13.16 Mt。

（7）碳排放趋势

2010—2018 年，哥伦比亚的化石能源二氧化碳排放量年均增长率为 1.17%，从 73.39 Mt 增长到 80.53 Mt。化石能源消费所产生的二氧化碳排放量在 2010—2015 年总体呈现增长态势，2016—2017 年碳排放量有所下降，从 86.82 Mt 降到 75.53 Mt，此后又迅速在 2018 年反弹至 80.53 Mt。在此期间，生物质消费所产生的二氧化碳排放量从 2010 年的 17.58 Mt 降到 2018 年的 13.16 Mt。

（8）与国际数据库对比

在统一核算口径下，即不包含生物质排放时，CEADs 核算的哥伦比亚化石能源二氧化碳排放量与 EDGAR 发布的数据结果误差较小，2010—2018 年核算数据平均差异在 3% 以内；与 IEA 发布的数据相比偏高，总体高出 13%。能源原始数据的不同是造成误差的主要原因之一，CEADs 在哥伦比亚矿业与能源计划行业官方网站上获取了其能源平衡表，而 IEA 和哥伦比亚矿业与能源计划行业沟通获取了能源数据。

IEA、EDGAR 和 CDIAC 等机构的统计数据并不包含生物质排放数据，当包含生物质消费所产生的二氧化碳时，2018 年 CEADs 核算的二氧化碳排放数据为 90.16 Mt。

本书汇总了哥伦比亚 2010—2018 年的能源消费和二氧化碳排放量数据，如图 4-6 所示。

数据来源简述：我们从哥伦比亚国家矿业和能源计划行业获取了哥伦比亚 2010—2018 年能源平衡表，其中包含了 19 种一次与二次能源品种的能源加工转换数据，包括了生物质能源、原煤、石油制品、天然气等。在哥伦比亚的能源平衡表中给出了近 40 个经济行业的详细能源消费数据。因此本书使用了分区域的 GDP 数据对哥伦比亚的分区域二氧化碳排放量进行了计算。表 4.11 为哥伦比亚二氧化碳排放核算的数据来源。

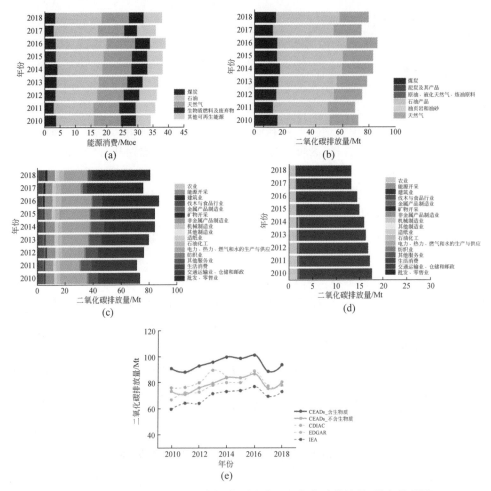

图 4-6　哥伦比亚 2010—2018 年的能源消费和二氧化碳排放量(见文前彩图)
（a）一次能源消费结构；（b）化石能源碳排放量；（c）分行业化石能源消费碳排放量；
（d）生物质碳排放量；（e）与国际数据库对比

表 4.11　哥伦比亚二氧化碳排放核算的数据来源

数据类型	来　　源	网　　站
能源平衡表	哥伦比亚矿业和能源计划行业	https://www1.upme.gov.co/InformacionCifras/Paginas/BECOCONSULTA.aspx
排放因子	政府间气候变化专门委员会(IPCC)	https://www.ipcc-nggip.iges.or.jp/EFDB/
行业匹配指标	联合国商品贸易统计数据库(UN Comtrade)，出口数据	https://comtrada.un.org
国家到区域的降尺度指标	哥伦比亚统计管理局	https://dane.maps.arcgis.com/apps/MapSeries/index.html?appid=9d091f802200470d816eb1f063aa6aee

4.7　秘鲁

（1）国家背景

秘鲁位于南美洲西部，与厄瓜多尔、哥伦比亚、巴西等国接壤，是南美洲国家联盟的成员国。秘鲁是发展中国家，人类发展指数为中等，截至 2018 年，秘鲁20.5%的人口（约 676.5 万人）收入处于或低于贫困线[80]，尤其是在农村地区，有53%的农村人口被认定为贫困人口，而城市人口中 16.6%被认定为贫困人口[68]。2018 年，秘鲁的 GDP 高达 2220 亿美元（现价），人均 GDP 约为 7000 美元[65]。

矿业、林业、渔业和农业是秘鲁国民经济四大支柱，2019 年，秘鲁第一、第二和第三产业占 GDP 的比例分别为 22%、17%和 61%[81]。秘鲁矿业资源丰富，银、铜、铅、金储量分别位居世界第一、第三、第四、第六，是世界第五大矿产国和世界第二大产铜国。秘鲁森林面积 780 000 km^2，森林覆盖率 58%，在南美洲仅次于巴西。渔业资源丰富，鱼粉产量居世界前列。秘鲁实行自由贸易政策，主要出口矿产品和石油、农牧业产品、纺织品以及渔产品等。近年来，秘鲁对国际贸易的参与度不断提高，主要向美国、中国、巴西和欧盟出口铜、金和锌等金属。

截至 2019 年 5 月，秘鲁保持了 14 900 MW 的可再生能源发电能力，源于水电、风能、生物质能和太阳能设施的综合贡献。秘鲁的能源发展战略计划到 2030年将可再生能源的份额增加两倍[82]。同时，秘鲁国家自主贡献中提及，预计到2030 年，相较于基准情景减少 30%的温室气体排放量[24]。

（2）一次能源消费结构

秘鲁的化石能源消费占一次能源结构的比例接近 74.64%，以石油产品与天然气为主。2018 年，煤炭消费占比 2.73%，石油消费占比 41.74%，天然气消费占比 30.17%。此外，风能、光能、水能及其他可再生能源占一次能源消费的14.24%；生物质占一次能源消费比例为 11.12%。

（3）化石能源碳排放特征

在化石能源消费所产生的二氧化碳排放中，石油产品消费是秘鲁化石能源碳排放的最主要来源。2018 年，石油产品消费所产生的二氧化碳排放量为 25.23 Mt，占化石能源碳排放量的 49.28%。2010—2018 年，天然气消费所产生的二氧化碳排放量呈增长态势，从 11.44 Mt 增加到 17.57 Mt，占化石能源碳排放的比例从27.83%变为 34.33%。此外，秘鲁煤炭消费产生的二氧化碳排放量占化石能源碳排放量的比例不超过 10%。

（4）分行业化石能源消费碳排放贡献

秘鲁的化石能源消费产生的二氧化碳排放主要来自交通运输业、仓储和邮政，2010 年该行业消费化石能源所产生的二氧化碳排放量为 18.82 Mt，2017 年为26.62 Mt，在此期间年均增长率为 5.07%，2018 年略有下降，为 25.30 Mt，占化石能源碳排放总量的 50.70%。电力、热力、燃气和水的生产和供应行业是秘鲁的第二大化石能源碳排放行业,该行业化石能源消费产生的碳排放量由 2010 年的 11.20 Mt降到 2018 年的 10.62 Mt,分别占当年化石能源碳排放总量的 27.24% 和 20.22%。生活消费是秘鲁的第三大化石能源碳排放行业,2018 年该行业化石能源消费产生的二氧化碳排放量约为 5.52 Mt,占化石能源碳排放总量的 10.51%。

　　(5) 区域间排放异质性

　　秘鲁划分为 26 个一级行政区,包括 24 个省(大区)、卡亚俄宪法省和利马省(首都区)。首都利马省人口众多,经济工业活动相对频繁,是秘鲁化石能源二氧化碳排放量最高的区域。2018 年,利马的化石能源消费产生的二氧化碳排放量达到了 20.71 Mt,约占该国化石能源碳排放量的 40.46%。其次,化石能源碳排放相对较高的地区大多位于太平洋附近,如胡宁、普诺、阿雷基帕等。然而,低排放的地区则集中在乌卡亚利和莫克瓜等,仅分别占该国化石能源碳排放量的 0.78% 和 1.52%。秘鲁 2018 年分区域碳排放量如表 4.12 所示。

表 4.12　秘鲁 2018 年分区域碳排放量

区　域　名　称	二氧化碳排放量/Mt	区　域　名　称	二氧化碳排放量/Mt
Amazonas	0.28	Puno	1.24
Ica	1.77	San Martín	0.43
Junín	1.79	Tacna	0.70
La Libertad	2.16	Tumbes	0.25
Lambayeque	1.37	Ucayali	0.40
Callao	5.20	Apurímac	0.36
Lima Province	20.71	Arequipa	2.56
Loreto	0.84	Ayacucho	0.45
Madre de Dios	0.18	Cajamarca	1.08
Moquegua	0.78	Cusco	1.79
Pasco	0.34	Huancavelica	1.43
Ancash	1.70	Huánuco	0.96
Piura	2.41		

　　(6) 生物质碳排放特征

　　2018 年,秘鲁的生物质能消费占一次能源消费结构的 11.12% 左右,主要用于生活消费行业。秘鲁的生物质主要包括木柴、动物粪便和以甘蔗渣为代表的作物废料,分别占生物质能源结构的 75.54%、3.95% 和 14.12%。当地居民主要通过砍伐森林获得木柴,并用于家庭烹饪和取暖,对环境产生了较大的影响,为不可持续利用资源,在整体碳核算过程中,应计入总体碳排放。秘鲁也使用甘蔗渣等生物质废料,这类生物质来自当地种植园,可反复种植,被视为可持续再生的资源,全生命周期具有"零碳"属性,在整体碳核算过程中,不应计入排放体系。2010—2018年,木柴消费产生的二氧化碳排放量从 2010 年的 9.08 Mt 增长至 2018 年的

10.34 Mt。由于统计口径的变化,2017 年起,秘鲁能源平衡表中对木柴的能源消费统计范围扩大,并对 2010—2016 年木柴能源消费数据进行了修订,主要体现在工业木柴能源消费的增长上,导致 2017 年起秘鲁工业木柴消费产生的生物质二氧化碳排放量增长。

（7）碳排放趋势

2010—2018 年,秘鲁的化石能源二氧化碳排放量呈现稳定增长的趋势。化石能源消费所产生的二氧化碳排放量增加了 24.50%,从 2010 年的 41.11 Mt 增至 2018 年的 51.19 Mt。在此期间,生物质消费产生的二氧化碳排放量从 2010 年的 9.08 Mt 增长到 2018 年的 10.34 Mt,年均增速 1.64%。

（8）与国际数据库对比

在统一核算口径下,即不包含生物质排放时,CEADs 核算的秘鲁 2010—2018 年化石能源二氧化碳排放量与 EDGAR 发布的数据结果相比偏低,约低 10%;比 CDIAC 发布的数据结果约低 25%;与 IEA 的数据基本保持一致,平均差距在 1% 以下。

IEA、EDGAR 和 CDIAC 等机构的统计数据并不包含生物质排放数据,当包含生物质消费所产生的二氧化碳时,2018 年 CEADs 核算的二氧化碳排放数据为 61.53 Mt。

本书汇总了秘鲁 2010—2018 年的能源消费和二氧化碳排放量数据,如图 4-7 所示。

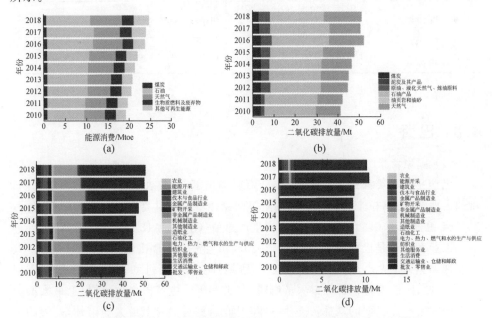

图 4-7　秘鲁 2010—2018 年的能源消费和二氧化碳排放量（见文前彩图）
(a) 一次能源消费结构；(b) 化石能源碳排放量；(c) 分行业化石能源消费碳排放量；
(d) 生物质碳排放量；(e) 与国际数据库对比

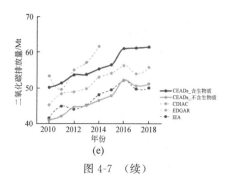

图 4-7 （续）

数据来源简述：从秘鲁国家能源信息系统网站上获取能源平衡表,其中包含约 26 种能源的加工转换数据,以及 8 个经济行业的能源消费数据。本书通过使用联合国商品贸易统计出口数据,对秘鲁的分行业的二氧化碳排放量进行了估算;通过分地区的增加值数据,对国家级数据进行了降尺度,从而计算了秘鲁分区域的二氧化碳排放量。表 4.13 为秘鲁二氧化碳排放核算的数据来源。

表 4.13　秘鲁二氧化碳排放核算的数据来源

数据类型	来　　源	网　　站
能源平衡表	秘鲁环境信息系统	https://sinia.minam.gob.pe/
排放因子	政府间气候变化专门委员会(IPCC)	https://www.ipcc-nggip.iges.or.jp/EFDB/
行业匹配指标	联合国商品贸易统计数据库(UN Comtrade),出口数据	https://comtrada.un.org
国家到区域的降尺度指标	秘鲁统计信息研究中心	https://www.inei.gob.pe/

4.8　巴西

（1）国家背景

巴西是拉丁美洲最大的国家,位于南美洲东部,主要在赤道和南回归线之间,毗邻大西洋,与乌拉圭、阿根廷、巴拉圭等国家接壤。据世界银行的官方数据显示,2019 年巴西拥有 2.11 亿人口,其国内生产总值(GDP)为 18 397.6 亿美元。

工业和农业是巴西的支柱产业,2020 年工业占 GDP 比例为 17.65%[83]。其工业种类繁多,从汽车、钢铁和石化产品到计算机、飞机和耐用消费品一应俱全[84]。此外,巴西是世界上最大的咖啡、甘蔗和橙子生产国,也是世界上最大的大豆生产国之一。巴西的森林覆盖了一半的国土,拥有世界上最大的雨林,是第四大木材出口国。在国际贸易方面,其出口产品主要是大豆、铁矿砂、石油、纸浆等;主要出口国为中国、美国、荷兰等。其进口产品主要为成品油、原油、通信设备、汽车配件等；主要进口国为中国、美国、阿根廷、德国等国家。

巴西政府正积极制定新的公共政策来应对气候变化。通过实施适应气候变化的政策和措施，降低脆弱性并提供生态系统服务，完善生态系统、基础设施和生产系统的复原能力。同时，各方利益相关者的参与，将有助于巴西计划的制订和实施。截至2018年，可再生能源发电占巴西国内电力生产的79%。巴西已承诺将致力于到2050年实现碳中和，其中关键战略之一是在2025年之前将净二氧化碳排放量减少37%，到2030年减少43%[85]，并结束非法森林砍伐。

（2）一次能源消费结构

巴西的化石能源消费占一次能源结构的比例接近65%，以石油产品为主。2018年，煤炭消费占比7.60%，石油产品消费占比48.95%，较2017年下降1.49%，系能源减排政策的影响所致，天然气消费占比6.87%。此外，风能、太阳能及其他可再生能源占一次能源消费的0.53%；生物质占一次能源消费比例达36.06%。

（3）化石能源碳排放特征

在化石能源消费所产生的二氧化碳排放中，石油产品消费是巴西化石能源碳排放的最主要来源。2018年，石油产品消费产生的二氧化碳排放量已经超过250 Mt，占化石能源碳排放的75.4%；其次，2016—2018年，煤炭消费产生的二氧化碳排放量从44.88 Mt增加到50.37 Mt，上升趋势明显。此外，天然气的消费也是巴西化石能源碳排放的主要来源，2010—2018年，其碳排放量在29.49～32.91 Mt波动。

（4）分行业化石能源消费碳排放贡献

巴西的化石能源消费产生的二氧化碳排放主要来自交通运输业、仓储和邮政，并以每年1.42%的排放速度增长。2018年，交通运输业、仓储和邮政消费化石能源所产生的二氧化碳排放量为194.65 Mt，占化石能源碳排放总量的58.49%。2018年，生活消费、机械制造业、伐木与食品行业消费化石能源所产生的二氧化碳排放量分别为18.33 Mt、17.61 Mt和19.47 Mt。此外，矿物开采行业也是巴西主要的化石能源碳排放行业，2018年的化石能源消费产生的碳排放量为15.7 Mt，占化石能源碳排放总量的4.72%，且呈现下降态势。

（5）区域间排放异质性

巴西共分为26个州和1个联邦区（巴西利亚联邦区），其化石能源二氧化碳排放主要集中于东南部的5个省份，其中巴西利亚联邦区的化石能源二氧化碳排放量最大，2018年为23.80 Mt，占该国化石能源碳排放量的7.15%。首都圣保罗以19.28 Mt的化石能源二氧化碳排放量位居第二。这是因为巴西的人口集中分布在东南部，人类经济活动更频繁，能源使用更多，所造成的碳排放量也更高。此外，由于中部的托坎廷斯州和东北部的帕拉伊巴州处于雨林和丛林的交界，人口稀少，其相应的化石能源碳排放量最低，分别占该国化石能源碳排放量的3.51%和

3.44％。巴西 2018 年分区域碳排放量如表 4.14 所示。

表 4.14 巴西 2018 年分区域碳排放量

区 域 名 称	二氧化碳排放量/Mt	区 域 名 称	二氧化碳排放量/Mt
Rondônia	11.86	Paraná	12.48
Ceará	12.41	Santa Catarina	11.98
Rio Grande do Norte	12.02	Rio Grande do Sul	12.37
Paraíba	11.48	Mato Grosso do Sul	12.16
Pernambuco	12.47	Mato Grosso	11.92
Alagoas	11.66	Goiás	12.02
Sergipe	11.23	Amazonas	12.14
Bahia	13.16	Roraima	11.84
Minas Gerais	13.54	Pará	12.23
Espírito Santo	14.35	Amapá	10.58
Rio de Janeiro	23.80	Tocantins	11.72
Acre	11.25	Maranhão	12.09
São Paulo	19.28	Piauí	11.74

（6）生物质碳排放特征

2018 年巴西生物质消费占一次能源消费结构的 36.06％,主要用于生活消费行业。巴西生物质的种类主要包括甘蔗等作物废料和木柴,2018 年分别占生物质能源结构的 52.63％和 24.97％。当地居民主要通过砍伐森林获得木柴,并用于家庭烹饪和取暖,对环境产生了较大的影响,为不可持续利用资源,在整体碳核算过程中,应计入总体碳排放。巴西也使用甘蔗渣等生物质废料,这类生物质来自当地的种植园,可反复种植,为可持续再生的资源,全生命周期具有"零碳"属性,在整体碳核算过程中,不应计入排放体系。2010—2018 年,木柴消费产生的二氧化碳排放量从 2010 年的 132.57 Mt 增长至 2018 年的 135.99 Mt。

（7）排放趋势

巴西的化石能源消费产生的二氧化碳排放量在 2013 年达到 368.44 Mt 的峰值。2014 年以来,化石能源碳排放量有所下降,并且在 2018 年达到近年来的最低值,为 332.76 Mt。2010—2018 年,生物质消费所产生的二氧化碳排放量从 132.57 Mt 增加到 135.9 Mt,年均增长率为 0.31％。

（8）与国际数据库对比

在统一核算口径下,即不包含生物质排放时,CEADs 计算的巴西化石能源二氧化碳排放量与其他机构的二氧化碳统计数据的年排放趋势几乎相同,但是每年的数值有一定差距。具体地说,与 IEA、EDGAR 的统计数据相比,CEADs 的统计数据整体比 EDGAR 的统计数据低。从统计口径的角度来看,CEADs 的数据有更详细的能源分类,例如,石油产品分为车用汽油、柴油、燃料油等,每一类油品都有相应的排放因子,而按照 IEA 的统计口径,能源品种仅分为石油产品一类。因此,

CEADs 采用的排放因子与 IEA 采用的排放因子不同,这也导致了碳排放数据的差异。造成差异的另一个原因是 CEADs 和 IEA 采用的能源消费数据不同。CEADs 采用的是巴西统计局的能源消耗数据,而 IEA 的数据有多个来源,如国际可再生能源署(IRENA)等。这些机构的能源消费统计数据之间存在着明显的差距,进而导致了 CEADs 和 IEA 二氧化碳排放数据的差异。

IEA、EDGAR 和 CDIAC 等机构的统计数据并不包含生物质排放数据,当包含生物质消费所产生的二氧化碳时,2018 年 CEADs 核算的二氧化碳排放数据为 468.75 Mt。

本书汇总了巴西 2010—2018 年的能源消费和二氧化碳排放量数据,如图 4-8 所示。

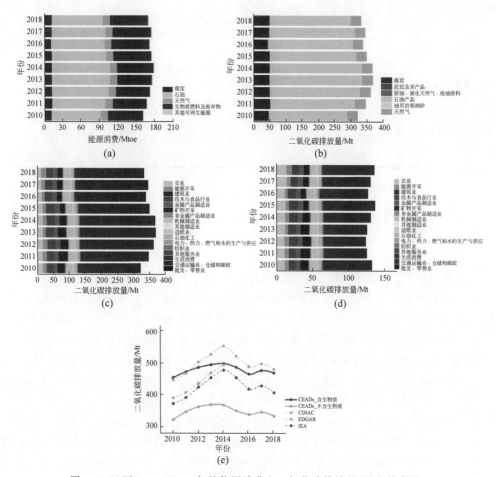

图 4-8 巴西 2010—2018 年的能源消费和二氧化碳排放量(见文前彩图)

(a)一次能源消费结构;(b)化石能源碳排放量;(c)分行业化石能源消费碳排放量;

(d)生物质碳排放量;(e)与国际数据库对比

数据来源简述：能源平衡表的能源行业是天然气、动力煤、冶金煤、木柴、产品甘蔗、其他主要来源、生物柴油、柴油、燃料油、汽油、液化石油气、石脑油、煤油、焦炉煤气、焦化煤、木炭、乙醇、其他次级、石油、其他石油次级、焦油。这些行业分为住宅、商业和公共行业、交通行业、工业、电力行业和热力行业。指标类型为GDP，数据年份为2010—2018年。表4.15为巴西二氧化碳排放核算的数据来源。

表4.15　巴西二氧化碳排放核算的数据来源

数据类型	来　源	网　站
能源平衡表	巴西统计局	https://www.epe.gov.br/sites-pt/publicacoes-dados-abertos/publicacoes/PublicacoesArquivos/publicacao-377/topico-494/BEN%202019%20Completo%20WEB.pdf
排放因子	国际能源署(IEA)	https://www.iea.org/areas-of-work/global-engagement
行业匹配指标	巴西统计局	https://www.ibge.gov.br/en/statistics/social/population/18391-2010—population-census.html?edicao=19720&t=series-historicas
国家到区域的降尺度指标	巴西统计局	https://www.ibge.gov.br/en/statistics/economic/national-accounts/16855-regional-accounts-of-brazil.html?=&t=o-que-e

4.9　智利

（1）国家背景

智利位于南美洲西部，是安第斯山脉与太平洋之间地形狭长的国家，与秘鲁、玻利维亚和阿根廷接壤。较大的纬度跨度使得智利气候具有多样性，表现为北部是世界上最干燥的沙漠——阿塔卡马沙漠，中部为地中海气候，复活节岛为亚热带湿润气候，到东部和南部则为海洋性气候。截至2019年，智利的人口为1895万，GDP为2823亿美元，人均名义GDP在拉丁美洲排名第三(仅次于乌拉圭和巴拿马)[65]。

智利的有色金属资源储量丰富，化石能源缺乏。铜矿开采占智利GDP总额的20%，占出口总额的60%[86]，同时它的铜产量占世界的三分之一[87]。智利是一个化石燃料缺乏的国家，石油、天然气和煤炭等能源主要依赖进口，但却拥有丰富的可再生能源。智利北部拥有丰富的太阳能资源[88]。智利有许多河流穿过，一般长度较短，为其领土南部的水力资源的供应提供了潜能。此外，农业和林业的发展为生物质能的供应提供了较大潜力。在国际贸易方面，其出口产品主要是矿物产品、贱金属、植物产品等；主要的出口国为中国、美国、巴西、日本等。其进口商品主要为机械器具、矿物产品、运输设备、化学产品等；主要进口国为中国、美国、巴西、阿根廷、德国等国家。

　　智利为应对气候变化做出了诸多努力。智利承诺在 2030 年之前将单位国内生产总值所产生的二氧化碳排放量在 2007 年的基础上减少 30%,在国际货币基金的资助下,甚至将减少 35%~45%。智利政府所做的努力还包括应用可再生能源,提出到 2025 年,能源供应中的 20% 是可再生能源,2014—2025 年,该国 45% 的电力生产使用更清洁的能源。同时,智利还计划将碳交易市场作为缓解温室气体排放的工具[24]。

　　(2)一次能源消费结构

　　智利的化石能源消费占一次能源结构的比例接近 71.6%,以石油产品为主。2018 年,煤炭消费占比 18.16%,石油产品消费占比 42.75%,天然气消费占比 10.70%。此外,水能、太阳能及其他可再生能源占一次能源消费的 7.35%。生物质占一次能源消费比例达 21.05%。

　　(3)化石能源碳排放特征

　　在化石能源消费所产生的二氧化碳排放中,石油产品和煤炭消费是智利化石能源碳排放的最主要来源。在石油产品中,柴油和汽油是两种主要的消费类型。2018 年,石油产品消费产生的二氧化碳排放量已经超过 52.07 Mt,占化石能源碳排放的 57.01%;其次,煤炭是智利发电的主要化石燃料,2018 年,煤炭消费产生的二氧化碳排放量占化石能源碳排放量的 31.96%。2018 年,智利天然气消费产生的二氧化碳排放量为 10.08 Mt,占该国化石能源碳排放量的 11.03%。

　　(4)分行业化石能源消费碳排放贡献

　　智利化石能源消费产生的二氧化碳排放最大的行业是电力、热力、燃气和水的生产和供应行业,并以每年 3.43% 的碳排放速度增长,从 2010 年的 27.77 Mt 增加到 2018 年的 36.43 Mt。交通运输业、仓储和邮政是智利的第二大化石能源碳排放行业,2018 年该行业消费化石能源所产生的二氧化碳排放量约为 32.32 Mt,占化石能源碳排放总量的 35.38%。生活消费是智利的第二大化石能源碳排放行业,其 2018 年消费化石能源所产生的二氧化碳排放量为 4.46 Mt,占化石能源碳排放总量的 4.88%。

　　(5)区域间排放异质性

　　智利共分为 16 个地区,其化石能源所产生的二氧化碳排放主要集中在首都地区及周围省市。圣地亚哥大都会区包含国家的首都圣地亚哥,是智利人口最多和最密集的地区,大多数商业和工业都位于此地区,是该国最主要的交通枢纽。因此,该区域是智利化石能源碳排放量最高的地区,2018 年其消费化石能源所产生的二氧化碳排放量达到了 32.22 Mt,占该国化石能源碳排放总量的 37.39%。相比之下,智利最南端地区(艾森、麦哲伦)和最北端的地区(阿里卡和帕林阿克塔大区),由于其气候恶劣,是智利人口最稀少的地区,经济发展缓慢,也是该国化石能源碳排放量最低的区域。2018 年,艾森、麦哲伦、阿里卡和帕里纳科塔大区的化石能源碳排放量分别为 0.64 Mt、0.64 Mt 和 0.81 Mt,这 3 个地区合计仅占智利化石能源碳排放总量的 2.29%。总的来说,化石能源碳排放空间特征呈现出中部高,向北部和南部递减的态势。智利 2018 年分区域碳排放量如表 4.16 所示。

表 4.16　智利 2018 年分区域碳排放量

区 域 名 称	二氧化碳排放量/Mt	区 域 名 称	二氧化碳排放量/Mt
Arica y Parinacota	0.81	Tarapacá	1.70
Biobío	12.56	Antofagasta	6.10
La Araucanía	4.12	Atacama	1.33
Los Ríos	1.55	Coquimbo	3.44
Los Lagos	4.04	Valparaíso	10.16
Aysen	0.64	Metropolitana de Santiago	32.22
Magallanes y Antártica Chilena	0.64	O'Higgins	4.46
Ñuble	2.40	Maule	5.16

(6) 生物质碳排放特征

2018 年,智利的生物质消费占一次能源消费结构的 21.05%,主要用于电力、热力燃气和水的生产与工业以及生活消费行业。智利的生物质种类主要为农作物废料,这类生物质来自当地的种植园,可反复种植,为可持续再生资源,全生命周期具有"零碳"属性,在整体碳核算过程中,不应计入总体碳排放。

(7) 碳排放趋势

2010—2018 年,智利化石能源消费产生的二氧化碳排放量增加了 25.97%,从 2010 年的 72.51 Mt 增加到 2018 年的 91.35 Mt。化石能源消费产生的二氧化碳排放量虽有波动,但整体呈现增长态势,年均增长率为 2.93%。

(8) 与国际数据库对比

在统一核算口径下,即不包含生物质排放时,CEADs 核算的化石能源二氧化碳排放数据结果与 CDIAC 和 EDAG 发布的结果基本一致,数据差距保持在 2% 以内,而比 IEA 核算数据高 6% 左右,这主要是由于 IEA 所使用的智利各能源品种信息是分别从各行业消费、进出口进行数据收集的,而 CEADs 直接使用了智利国家能源委员会发布的能源平衡表,从中获取了各行业与能源品种的加工转化量、消费量等数据,原始数据的差别导致了 CEADs 核算数据与 IEA 核算数据之间存在一定区别。

本书汇总了智利 2010—2018 年的能源消费和二氧化碳排放量数据,如图 4-9 所示。

数据来源简述:我们从智利国家能源委员会网站上获取了智利 2010—2018 年能源平衡表。智利的能源平衡表中包含了 27 种一次能源品种与二次能源品种的能源加工转换数据,以及 22 个经济行业的能源消费数据。CEADs 通过联合国商品贸易统计出口数据,对分行业的二氧化碳排放量进行了计算;通过分地区、分

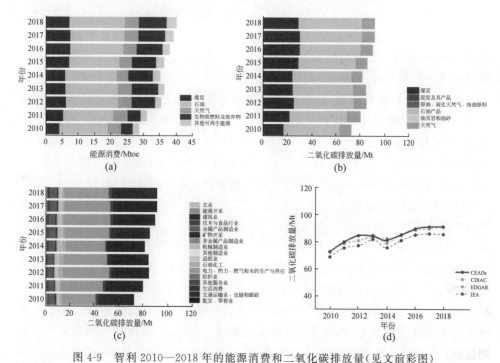

图 4-9 智利 2010—2018 年的能源消费和二氧化碳排放量（见文前彩图）
(a) 一次能源消费结构；(b) 化石能源碳排放量；(c) 分行业化石能源消费碳排放量；(d) 与国际数据库对比

行业的就业人数，对国家级数据进行了降尺度到了区域级。表 4.17 为智利二氧化碳排放核算的数据来源。

表 4.17 智利二氧化碳排放核算的数据来源

数据类型	来 源	网 站
能源平衡表	国家能源委员会	http://energiaabierta. cl/visualizaciones/ balance-de-energia/
排放因子	政府间气候变化专门委员会（IPCC）	https://www. ipcc-nggip. iges. or. jp/ EFDB/
行业匹配指标	联合国商品贸易统计数据库（UN Comtrade），出口数据	https://comtrada. un. org
国家到区域的降尺度指标	智利统计局	https://www. ine. cl/estadisticas/

4.10 阿根廷

（1）国家背景

阿根廷，位于南美洲南部，面积次于巴西，是拉丁美洲第二大国，由 23 个省和 1

个联邦首都区(布宜诺斯艾利斯)组成。截至 2020 年年底,阿根廷总人口达到 4537.68 万。2018 年以来,阿根廷经济金融形势多次剧烈波动,加之受新冠肺炎疫情等影响,阿根廷经济下行压力加大,GDP 呈下降趋势。2020 年阿根廷的 GDP 为 3831 亿美元[89],同比下降 9.9%。

此外,阿根廷农牧业发达,是世界主要农业生产国之一;就工业而言,阿根廷的黄金、铜、银和锂等采矿资源丰富,主要的工业是食品加工、饮料、化工和制药、炼油、机动车和汽车零部件行业。2020 年,阿根廷农业、工业和服务业占 GDP 的比例分别为 23.19%、22.47%、54.34%。在自然资源方面,阿根廷矿产资源丰富,拥有拉丁美洲最丰富的可再生能源资源,包括巴塔哥尼亚南部的风能,以及西北部的太阳能[90]。在国际贸易方面,阿根廷的主要进出口国均为巴西、中国和美国,主要出口产品为大豆及其衍生物、石油和天然气、车辆、玉米、小麦,主要进口产品为机械、汽车、石油和天然气、有机化学品、塑料。

为实现国家能源的多样化,减轻对进口化石燃料的依赖,以及减少二氧化碳排放,阿根廷启动了一项名为 RenovAr 的创新计划。其目标是:到 2025 年,阿根廷 20% 的电力来自可再生能源[90]。根据《联合国气候变化框架公约》,阿根廷做出的国家自主贡献是在 2030 年将温室气体排放量减少 15%。该目标下制定的行动准则包括:促进可持续的森林管理、能源效率以及运输方式的转变,尽可能地应用本国开发的技术捕集温室气体[91]。

(2) 一次能源消费结构

阿根廷的化石能源消费占一次能源结构的比例接近 80%,以天然气消费为主。2018 年,煤炭消费占比 2.69%;石油产品消费占比 27.65%,天然气消费占比 49.90%。受节能减排政策的影响,天然气的消费呈逐年上升的趋势,而石油的消费呈逐年下降的趋势。此外,风能及其他可再生能源占一次能源消费的 15.29%;生物质占一次能源消费的比例为 4.47%。

(3) 化石能源碳排放特征

在化石能源消费所产生的二氧化碳排放中,阿根廷天然气消费所产生的二氧化碳排放占据主导地位,主要作为供应和发电燃料,2018 年占化石能源碳排放量的 55.49%,且呈现出较快的增长趋势。该国拥有世界第四大页岩油储量和第二大页岩气储量,石油产品消费所产生的二氧化碳排放从 2010 年的 68.20 Mt 减少至 2018 年的 61.13 Mt,在此期间二氧化碳排放呈现出先上升后下降的趋势,2018 年占该国化石能源碳排放量的 40.01%。

(4) 分行业化石能源消费碳排放贡献

阿根廷化石能源消费产生二氧化碳排放最大的行业是电力、热力、燃气和水的生产与供应以及交通运输业、仓储和邮政,两个行业的二氧化碳排放量差距较小,且均呈现出先上升后下降的趋势。2018 年,电力、热力、燃气和水的生产与供应行业消费化石能源所产生的二氧化碳排放量为 487 300 t,占化石能源碳排放总量的

31.89％；交通运输业、仓储和邮政占其化石能源二氧化碳排放量的 30.84％,阿根廷货物运输的需求促使陆运和水运发展迅速,公路网较为发达。此外,阿根廷的农业比较发达,且是第三大化石能源碳排放行业,2018 年农业消费化石能源产生的二氧化碳排放量达到 10.50 Mt。

（5）区域间排放异质性

阿根廷分为 23 个省和 1 个联邦首都区。化石能源消费产生的二氧化碳排放主要集中分布在布宜诺斯艾利斯,2018 年化石能源碳排放量为 51.82 Mt,占该国化石能源碳排放总量的 33.91％。这主要是由于布宜诺斯艾利斯人口占阿根廷总人口的三分之一;农业和工业活动也是产生二氧化碳的主要原因。同时,在首都周围的城市,如科尔多瓦和圣菲,受到来自首都的辐射带动影响,其人口和人类活动多于其他地区,化石能源二氧化碳排放也相对较高,2018 年化石能源碳排放量分别为 13.68 Mt 和 12.65 Mt,占该国化石能源碳排放总量的 8.95％和 8.28％。相比之下,在阿根廷的西部和南部地区,如圣胡安和拉里奥哈,由于这些地区的人口比较分散,生活和生产方式相对落后,化石能源碳排放量总和仅占该国化石能源碳排放总量的 2.07％。阿根廷 2018 年分区域碳排放量如表 4.18 所示。

表 4.18　阿根廷 2018 年分区域碳排放量

区 域 名 称	二氧化碳排放量/Mt	区 域 名 称	二氧化碳排放量/Mt
Buenos Aires	51.82	Mendoza	6.27
Catamarca	1.13	Misiones	3.05
Chaco	2.87	Neuquén	4.53
Chubut	3.83	Río Negro	3.30
Ciudad de Buenos Aires	19.14	Salta	3.84
Córdoba	13.68	San Juan	1.97
Corrientes	3.09	San Luis	1.72
Entre Ríos	3.99	Santa Cruz	1.87
Formosa	1.28	Santa Fe	12.65
Jujuy	1.71	Santiago del Estero	2.28
La Pampa	1.62	Tierra del Fuego	1.68
La Rioja	1.20	Tucumán	4.30

（6）生物质碳排放特征

2018 年,阿根廷生物质占一次能源消费结构的 4.47％左右,主要用于伐木与食品行业,电力、热力、燃气和水的生产与供应行业以及生活消费行业。阿根廷的生物质种类主要包括生物乙醇和生物柴油。由于阿根廷生物质来源主要为可持续再生资源,全生命周期具有“零碳”属性,在整体二氧化碳核算过程中,不应计入总体二氧化碳排放。

（7）碳排放趋势

2010—2013 年,阿根廷化石能源消费所产生的二氧化碳排放增加了 17.22 Mt,

从 145.63 Mt 增至 2018 年的 162.85 Mt。2015—2018 年,化石能源消费所产生的二氧化碳排放量呈现下降态势,从 165.98 Mt 降到 152.82 Mt,说明阿根廷的减排政策取得了一定的成效。

（8）与国际数据库对比

在统一核算口径下,即不包含生物质排放时,CEADs 核算的阿根廷化石能源二氧化碳排放量与其他机构核算的二氧化碳统计数据的年排放趋势几乎相同,但是与每年数值有一定差距。具体地说,与 IEA、EDGAR 的统计数据相比,CEADs 的统计数据在 2010—2018 年均更低。从统计口径的角度来看,CEADs 的数据有更详细的能源分类。例如,石油产品分为车用汽油、柴油、燃料油等,每一类油品都有相应的排放因子,而按照 IEA 的统计口径,能源品种仅分为石油产品一类。因此,CEADs 采用的排放因子与 IEA 采用的排放因子不同,这也导致了碳排放数据的差异。造成差异的另一个原因是 CEADs 和 IEA 采用的能源消费数据不同。CEADs 采用的是阿根廷统计局的能源消耗数据,而 IEA 的数据有多个来源,如国际可再生能源署(IRENA)等。这些机构的能源消费统计数据之间存在着明显的差距,进而导致了 CEADs 和 IEA 二氧化碳排放数据的差异。

本书汇总了阿根廷 2010—2018 年的能源消费和二氧化碳排放量数据,如图 4-10 所示。

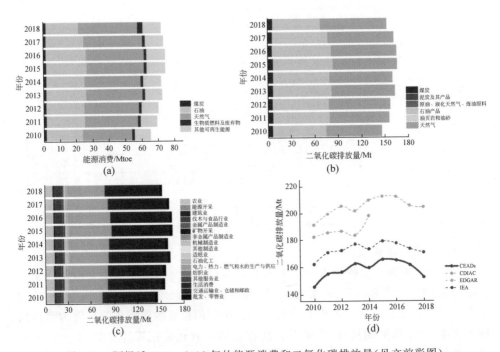

图 4-10 阿根廷 2010—2018 年的能源消费和二氧化碳排放量(见文前彩图)

(a) 一次能源消费结构；(b) 化石能源碳排放量；(c) 分行业化石能源消费碳排放量；(d) 与国际数据库对比

　　数据来源简述：能源平衡表的能源分为水力能、核能、天然气、石油、矿碳、木柴、甘蔗渣、植物油、植物醇、风能、太阳能、电力、网络分配的天然气、炼油厂气、液化气、其他汽油、Motonafta、总煤油和航空煤油、柴油+瓦斯油、燃料油、残煤、非高能焦炉煤气、高炉煤气、焦炭、木炭、生物乙醇、生物柴油。这些行业分为住宅、商业和公共行业、交通行业、农业、工业、电力行业和热力行业。降尺度指标为GDP，数据年份为2010—2019年。表4.19为阿根廷二氧化碳排放核算的数据来源。

表 4.19　阿根廷二氧化碳排放核算的数据来源

数据类型	来　　源	网　　站
能源平衡表	阿根廷统计局	https://www. argentina. gob. ar/economia/energia/hidrocarburos/balances-energeticos
排放因子	国际能源署(IEA)	https://www. iea. org/areas-of-work/global-engagement/china? language=zh
行业匹配指标	阿根廷统计局	https://www. indec. gob. ar/indec/web/Nivel3-Tema-3-9
国家到区域的降尺度指标	阿根廷统计局	https://www. indec. gob. ar/indec/web/Nivel4-Tema-3-9-138

4.11　乌拉圭

　　(1) 国家背景

　　乌拉圭是南美洲东南部的一个国家，与阿根廷、巴西接壤。乌拉圭有342万人口，其中近180万人口居住在其首都和最大的城市蒙得维的亚及其都市区。乌拉圭的面积约为176 000 km²，是南美洲第二小的国家，仅比苏里南大。世界经济展望[92]报告显示，该国长期以来一直是拉丁美洲大陆人均GDP最高的国家。联合国将乌拉圭列为高收入国家。2020年的人均GDP为17 819美元，世界排名第49位。

　　农业和工业是乌拉圭的重要行业。2015年，乌拉圭农业产值占GDP比例为6.5%，工业产值占GDP比例为12.3%。此外，乌拉圭的旅游业也是其经济的一个重要组成部分。在2019年占GDP总额的17.4%[93]。在国际贸易方面，其出口产品主要是牛肉、纸浆、大豆、乳制品等；主要出口国为中国、巴西、美国等。其进口产品主要为汽车、服饰、塑料制品等；主要进口国为巴西、中国、阿根廷等国家。

　　在《巴黎协定》之后，乌拉圭承诺将在2030年实现碳中和。乌拉圭的水电资源非常丰富，2019年，乌拉圭的风能和太阳能发电比例在世界上排名第四。国际能源署(IEA)称，风能和太阳能发电占该国36%的份额，仅次于丹麦(50%)、立陶宛(41%)和卢森堡(37%)。如果增加水电，乌拉圭以97%的比例领先于所有国家。追溯历史，早在2007年乌拉圭几乎没有风力发电，而在不到10年的时间里，乌拉圭成为了世界上人均风力发电量最高的国家。

（2）一次能源消费结构

乌拉圭的化石能源消费占一次能源结构的比例接近 51.10%，以石油产品为主。2010—2012 年，石油产品占一次能源的比例快速增长，从 53.74% 增加到 65.77%。而在 2012—2018 年，石油产品占一次能源的比例快速下降，2018 年占比 48.81%。2018 年，乌拉圭天然气消费占比 2.29%。此外，风能、太阳能及其他可再生能源占一次能源消费的 27.15%；生物质占一次能源消费比例达 21.75%。

（3）化石能源碳排放特征

在化石能源消费所产生的二氧化碳排放中，石油和天然气消费所产生的二氧化碳排放占据主导地位。石油产品作为乌拉圭最主要的化石燃料，2018 年产生二氧化碳排放量 5.17 Mt，占化石能源碳排放量的 95.66%。天然气消费所产生的二氧化碳排放量从 2010 年的 0.17 Mt 增长到 2018 年的 0.24 Mt，增长速度较为缓慢。

（4）分行业化石能源消费碳排放贡献

乌拉圭化石能源消费产生二氧化碳排放量最大的行业是交通运输业、仓储和邮政，2010 年该行业消费化石能源产生的二氧化碳排放量为 3.11 Mt，并以每年 3.13% 的排放速度增长至 2017 年的 3.86 Mt。2018 年，交通运输业、仓储和邮政的化石能源二氧化碳排放量略有下降，为 3.8 Mt，占化石能源碳排放总量的 70.3%。此外，电力、热力、天然气和水的生产与供应也是乌拉圭的主要化石能源碳排放行业，2010 年该行业消费化石能源产生的二氧化碳排放量约为 0.88 Mt，并快速增长到 2012 年的 2.93 Mt，2012 年起该行业化石能源碳排放量大幅下降，2018 年仅为 0.32 Mt，占化石能源碳排放总量的 5.9%。此外，2018 年农业消费化石能源所产生的二氧化碳排放量约为 0.50 Mt，占化石能源碳排放总量的 9.29%。

（5）生物质碳排放特征

2018 年乌拉圭的生物质能消费占一次能源消费结构的 21.75%，主要用于伐木、食品和生活消费行业。乌拉圭的生物质能源主要是木柴和木材废料，2018 年分别占生物质能源结构的 29.66% 和 70.34%。当地居民主要通过砍伐森林获得木柴，并用于家庭烹饪和取暖，对环境产生了较大的影响，为不可持续利用资源，在整体碳核算过程中，应计入总体碳排放。此外，乌拉圭也使用木材废料作为生物质，这类生物质主要来自当地的种植园，可反复种植，为可持续再生的资源，全生命周期具有"零碳"属性，在整体碳核算过程中，不应计入排放体系。从时间趋势上看，2010—2018 年，乌拉圭木柴消费产生的二氧化碳排放量从 2010 年的 2.49 Mt 增长至 2018 年的 3.41 Mt。

（6）碳排放趋势

2010—2018 年，乌拉圭化石能源消费产生的二氧化碳排放量年均增长率为 0.43%，从 2010 年的 5.22 Mt 增至 2018 年的 5.41 Mt。2012 年为乌拉圭近年来的化石能源碳排放巅峰，产生了 7.50 Mt 二氧化碳排放。在此期间，生物质消费所产生的排放量从 2010 年的 2.49 Mt 快速增长到 2018 年的 3.41 Mt。

（7）与国际数据库对比

在统一核算口径下，即不包含生物质排放时，CEADs 核算的乌拉圭化石能源二氧化碳排放量与 IEA、EDGAR 和 CDIAC 发布的数据结果误差较小，产生差异的主要原因：一是 CEADs 与 IEA、EDGAR 和 CDIAC 的排放因子选取有所差别，二是 CEADs 数据具有更为详细的能源分类，而其他机构对能源品种的统计口径比较模糊。

IEA、EDGAR 和 CDIAC 等机构的统计数据并不包含生物质排放数据，当包含生物质消费所产生的二氧化碳时，2018 年 CEADs 核算的二氧化碳排放数据为 8.82 Mt。

本书汇总了乌拉圭 2010—2018 年的能源消费和二氧化碳排放量数据，如图 4-11 所示。

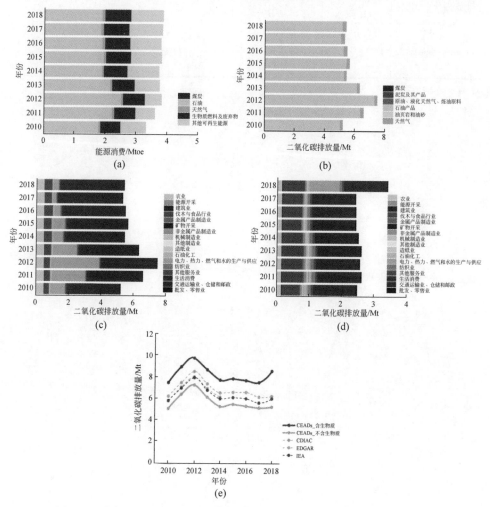

图 4-11　乌拉圭 2010—2018 年的能源消费和二氧化碳排放量（见文前彩图）

（a）一次能源消费结构；（b）化石能源碳排放量；（c）分行业化石能源消费碳排放量；
（d）生物质碳排放量；（e）与国际数据库对比

数据来源简述：乌拉圭的能源平衡表来源于乌拉圭的官方统计局，范围覆盖了 2010—2018 年的数据。乌拉圭的能源平衡表中列出了 22 种能源品种，其中主要的能源品种有汽油和木柴等。乌拉圭的能源平衡表将排放行业分为了 5 个，分别是居民消费、交通、工业、农业和商业服务行业。此外，由于缺乏区域的相关数据，乌拉圭暂无分区域的碳排放数据。表 4.20 为乌拉圭二氧化碳排放核算的数据来源。

表 4.20 乌拉圭二氧化碳排放核算的数据来源

数据类型	来　　源	网　　站
能源平衡表	乌拉圭统计局	https://www.ine.gub.uy/inicio
排放因子	政府间气候变化专门委员会（IPCC）	https://www.ipcc-nggip.iges.or.jp/EFDB/
行业匹配指标	联合国商品贸易统计数据库（UN Comtrade），出口数据	https://comtrada.un.org

第5章

欧 洲 篇

5.1 摩尔多瓦

(1) 国家背景

摩尔多瓦位于欧洲东部,西部与罗马尼亚接壤,北部、东部和南部与乌克兰接壤,其大部分领土位于普鲁特河和德涅斯特河之间。2003 年 6 月,摩尔多瓦实行新行政区划,全国分为 32 个区,3 个市和 2 个地方特别行政区。国家总体政治局势稳定,社会治安良好。截至 2021 年 1 月 1 日,摩尔多瓦的总人口为 259.71 万(不含德涅斯特河沿岸),其中城市人口约占 43%[94]。目前,摩尔多瓦是欧洲第二贫困的国家,根据其国家统计局公布的数据,2019 年 GDP(现价)约为 119.56 亿美元,同比增长 5.7%[95]。

农业是摩尔多瓦国民经济赖以发展的基础。摩尔多瓦 80% 的土地为黑土高产田,适合农作物生产,盛产葡萄、糖、食用油和烟草;工业基础相对薄弱,主要以加工农业原料为主,完全依赖外部提供原料、能源和技术联系。2019 年,农业、工业和服务业占 GDP 的比例分别为 22.95%、22.77% 和 54.08%。摩尔多瓦自然资源相对贫乏,缺少化石能源,97% 的所需能源依赖进口。在对外贸易方面,摩尔多瓦的主要出口国为罗马尼亚、俄罗斯和意大利,主要出口食品、纺织品和机械等;主要进口国为罗马尼亚、俄罗斯和乌克兰,主要进口产品为矿产品和燃料、机械和设备、化学品、纺织品等。

相对而言,摩尔多瓦的可再生能源发展基础较为薄弱。2018 年,可再生能源仅占电力结构的 2.59%。随着可持续能源政策的推出,截至 2019 年年底,摩尔多瓦已建成或在建多个小型(2~500 kW)太阳能项目,累计容量为 4.0 MW,建成多座总容量为 35.6 MW 的工业风能装置[96]。在应对气候变化方面,摩尔多瓦承诺与基准年 1990 年相比,更新的国家确定贡献(INDC)到 2030 年,将净温室气体排放量减少 70%。摩尔多瓦还批准了一项低排放发展战略,旨在减少能源、运输、农业、建筑、林业和工业的温室气体排放。

（2）一次能源消费结构

2018 年,摩尔多瓦的化石能源消费占一次能源结构的比例接近 70.23%,以石油产品为主。2018 年,石油产品消费占比 34.91%,天然气消费占比 32.34%,煤炭消费占比 2.98%。此外,以水能为主的其他可再生能源占一次能源消费的 0.90%;生物质占一次能源消费比例为 28.87%。

（3）化石能源碳排放特征

在化石能源消费所产生的二氧化碳排放中,石油产品消费是摩尔多瓦化石能源碳排放的最主要来源。2018 年,石油产品消费产生二氧化碳排放量为 0.936 Mt,占化石能源碳排放量的 54.23%。此外,天然气也是摩尔多瓦重要的化石能源,天然气消费产生的二氧化碳排放量为 0.867 Mt,占化石能源碳排放的 39.55%。

（4）分行业化石能源消费碳排放贡献

摩尔多瓦的化石能源消费产生的二氧化碳排放主要来自交通运输业、仓储和邮政,该行业消费化石能源所产生的二氧化碳排放量从 2010 年的 1.710 Mt(占比 37.08%)增加到 2018 年的 2.159 Mt(占比 43.26%),年均增长率为 0.99%,交通领域主要使用汽油和柴油两种主要化石能源。生活消费行业是第二大化石能源碳排放行业,2018 年产生二氧化碳排放量为 0.970 Mt,占化石能源碳排放总量的 8.44%。电力、热力、燃气和水的生产和供应行业是摩尔多瓦第三大化石能源碳排放行业,从 2010 年的 1.062 Mt 降到 2018 年的 0.922 Mt,分别占化石能源碳排放总量的 23.03% 和 18.47%。其中,天然气是主要的火力发电燃料,产生了较多的碳排放。

（5）生物质碳排放特征

2018 年摩尔多瓦的生物质能消费占一次能源消费结构的 29.13%,主要用于生活消费部门。摩尔多瓦的生物质能主要包括农业残留物(包括植物根、茎、叶、稻草、葡萄藤等)。此外,农业残留物的利用正在迅速增长,这部分生物质为可持续再生资源,在整体碳核算过程中,不应计入总体碳排放。

（6）碳排放趋势

2010—2018 年,摩尔多瓦的化石能源二氧化碳排放呈现一定的增长态势,从 4.61 Mt 增至 2018 年的 4.99 Mt,增加了 8.24%,在此期间,生物质消费所产生的碳排放量从 2.14 Mt 增加到 3.24 Mt,年均增长率为 5.3%。

（7）与国际数据库对比

在统一核算口径下,即不包含生物质排放时,CEADs 核算的摩尔多瓦化石能源二氧化碳排放量总体低于 EDGAR 和 IEA 发布的数据,而高于 CDIAC 发布的数据,与 EDGAR 数据较为接近,并保持基本相同的增长趋势。从使用的原始数据来看,CEADs 与 IEA、EDGAR 发布数据的主要差别在德涅斯特河左岸行政区的能源统计上。CEADs 能源平衡表数据来自摩尔多瓦统计局官方发布的能源数据,摩尔多瓦统计局没有包含德涅斯特河左岸行政区的相关数据,而 IEA、EDGAR 发布的数据包含了德涅斯特河左岸行政区的二氧化碳排放量,导致核算的二氧化碳排放数据不同。当按照我国外交部对摩尔多瓦行政区的界定范围(包括德涅斯特河左岸行政区)来统计时,CEADs 核算的化石能源二氧化碳排放与 IEA、EDGAR 发布的二氧化碳排放数据基本一致。

IEA、EDGAR 和 CDIAC 等机构的统计数据并不包含生物质排放数据,当包含生物质消费所产生的二氧化碳时,2018 年 CEADs 核算的二氧化碳排放数据为 8.23 Mt。

本书汇总了摩尔多瓦 2010—2018 年的能源消费和二氧化碳排放量数据,如图 5-1 所示。

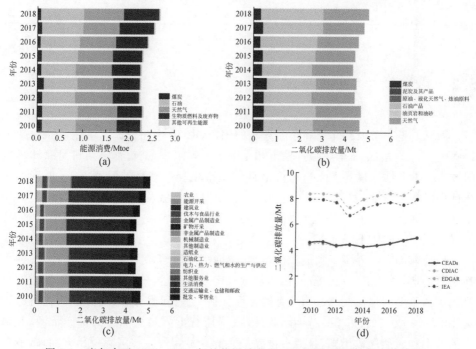

图 5-1 摩尔多瓦 2010—2018 年的能源消费和二氧化碳排放量(见文前彩图)

(a)一次能源消费结构;(b)化石能源碳排放量;(c)分行业化石能源消费碳排放量;

(d)与国际数据库对比

数据来源简述:摩尔多瓦能源平衡表来自其国家统计局,包含了 2010—2018 年共 9 年的数据,覆盖了 4 个能源品种和 6 个行业。在行业降尺度划分上,本书采用工业的总产出数据和农业、商业、交通、服务业的总产值作为分配指标对应 47 个行业,其中 2010—2013 年的数据缺失,暂时用 2014 年的产值作为分配依据进行匹配。其次,在区域的降尺度划分上,摩尔多瓦缺少区域数据的详细披露,因此暂无区域的碳排放量。表 5.1 为摩尔多瓦二氧化碳排放核算的数据来源。

表 5.1　摩尔多瓦二氧化碳排放核算的数据来源

数据类型	来　源	网　站
能源平衡表	摩尔多瓦统计局	https://statbank. statistica. md/PxWeb/pxweb/ro/40％20Statistica％20economica/40％20Statistica％20economica__15％20ENE__serii％20anuale/ENE020100.px/?rxid＝b2ff27d7-0b96-43c9-934b-42e1a2a9a774
排放因子	政府间气候变化专门委员会(IPCC)	https://www.ipcc-nggip.iges.or.jp/EFDB/
行业匹配指标	摩尔多瓦统计局	https://statbank. statistica. md/PxWeb/pxweb/ro/40％20Statistica％20economica/40％20Statistica％20economica__14％20IND__IND020/IND020100.px/table/tableViewLayout1/?rxid＝b2ff27d7-0b96-43c9-934b-42e1a2a9a774

5.2　俄罗斯

（1）国家背景

俄罗斯是一个横跨北亚和东欧大陆的国家,由 46 个州、22 个自治共和国、9 个边疆区、4 个自治区、3 个联邦直辖市和 1 个自治州组成,其首都莫斯科是欧洲最大的城市。俄罗斯是世界上人口密度最低和城市化程度最高的国家之一,根据国家统计局的数据显示,截至 2021 年 1 月 1 日,俄罗斯的总人口为 1.462 亿,相比 2010 年增长了 2.38％。俄罗斯是欧洲第五大经济体,2020 年,俄罗斯的 GDP 为 1.47 万亿美元[97],同比下降 6.6％。

俄罗斯拥有世界第三大面积的耕地,然而由于其环境恶劣,只有约 7.4％的土地是可耕地,农业部门占经济的比例较低;其工业发达,核工业和航空航天业在世界上占据重要的地位。2020 年,俄罗斯的农业、工业和服务业占 GDP 的比例分别为 13.74％、29.99％和 56.27％。此外,俄罗斯有世界最大储量的矿产资源,是最大的石油和天然气输出国,且拥有世界最大的森林储备。在国际贸易方面,俄罗斯的主要出口国为欧盟、中国和白俄罗斯,主要出口产品为石油和石油产品、天然气、金属等;主要进口国为欧盟、中国和美国,进口机械、车辆、医药产品、塑料、金属半成品、肉类等。

目前,俄罗斯已着手推进可再生能源的使用,特别是用于发电。根据当前的政策,预计到 2030 年,可再生能源(不包含核能和水能)将占最终能源消费总量的近 5％,为实现这一目标,需要到 2030 年在可再生能源领域累计投资 3000 亿美元[98]。在应对气候变化方面,俄罗斯已于 2019 年加入《巴黎协定》,该协定旨在加强国际合作,缓解全球气候变化。在其 2020 年国家自主贡献(INDC)中,提出了到 2030 年将温室气体排放量限制在 1990 年水平的 70％的目标[99]。

（2）一次能源消费结构

俄罗斯的化石能源消费占一次能源结构的比例接近 88.2%,以天然气为主。2018 年,天然气消费占比 54.4%,煤炭消费占比 12.5%,石油消费占比 21.8%。此外,核能、水能、地热能及其他可再生能源占一次能源消费的 12%;生物质占一次能源消费比例不足 1%。

（3）化石能源碳排放特征

在化石能源消费所产生的二氧化碳排放中,石油产品消费是俄罗斯化石能源碳排放的最主要来源。2018 年,石油产品消费产生二氧化碳排放量为 364.3 Mt,占化石能源碳排放量的 65.4%。此外,煤炭和天然气也是俄罗斯重要的化石能源,2005—2009 年,煤炭消费导致的二氧化碳排放略高于天然气,而 2010 年之后,天然气消费的增加使其产生的二氧化碳排放超过了煤炭。总体而言,天然气和煤炭消费产生的二氧化碳排放分别呈上升和下降趋势,2018 年分别占化石能源碳排放量的 7.1% 和 6.28%。

（4）分行业化石能源消费碳排放贡献

俄罗斯的化石能源消费产生的二氧化碳排放主要来自电力、热力、燃气和水生产与供应行业,该行业消费化石能源所产生的二氧化碳排放量从 2017 年的 607.79 Mt（占比 40.44%）增长到 2018 年的 614.85 Mt（占比 40.29%）。金属产品制造业是俄罗斯第二大化石能源碳排放行业,从 2010 年的 357.26 Mt 上升到 2018 年的 358.46 Mt,分别占当年化石能源碳排放总量的 23.54% 和 23.49%。交通运输业、仓储和邮政是第三大化石能源碳排放行业,2018 年产生碳排放量为 149.85 Mt,占化石能源碳排放总量的 9.82%。

（5）区域间排放异质性

在俄罗斯的 82 个联邦主体中,西部和南部地区的化石能源二氧化碳排放量较高,而东部和北部地区的化石能源二氧化碳排放量较低。俄罗斯的化石能源二氧化碳排放主要集中在秋明州和车里雅宾斯克州。秋明州是俄罗斯发展最为繁荣的州,2018 年,秋明州的化石能源碳排放量为 137.63 Mt,占俄罗斯化石能源碳排放的 9.02%。车里雅宾斯克州是俄罗斯重要的交通枢纽,2018 年,车里雅宾斯克州的化石能源碳排放量为 118.53 Mt,占俄罗斯化石能源碳排放的 7.77%。此外,作为俄罗斯最大的城市和首都,莫斯科在 2018 年的化石能源碳排放量为 78.76 Mt,占俄罗斯化石能源碳排放的 5.16%。俄罗斯 2018 年分区域碳排放量如表 5.2 所示。

（6）生物质碳排放特征

2018 年俄罗斯的生物质能消费占一次能源消费比例不足 1%,主要用于非金属产品制造业。俄罗斯的生物质能主要包括木屑颗粒和木制废料,且木屑颗粒和木制废料的利用正在迅速增长,由于俄罗斯生物质来源主要为可持续再生资源,全生命周期具有零碳属性,在整体二氧化碳核算过程中,不应计入总体碳排放。

表 5.2　俄罗斯 2018 年分区域碳排放量

区 域 名 称	二氧化碳排放量/Mt	区 域 名 称	二氧化碳排放量/Mt
National	3084.60	Nizhny_Novgorod_Region	36.47
Altay_Territory	23.72		
Amur_Region	18.51	Novgorod_Region	8.90
Arkhangelsk_Region	39.00	Novosibirsk_Region	20.17
Astrakhan_Region	12.08	Omsk_Region	35.51
Belgorod_Region	17.35	Orenburg_Region	54.75
Bryansk_Region	7.42	Orel_Region	5.68
Chechen_Republic	1.17	Penza_Region	42.41
Chelyabinsk_Region	240.44	Perm_Territory	69.90
Chukotka_Autonomous_Area	1.37	Primorye_Territory	38.63
		Pskov_Region	4.33
Chuvash_Republic	7.22	Republic_of_Adygeya	1.56
Irkutsk_Region	62.33	Republic_of_Altay	0.58
Ivanovo_Region	5.49	Republic_of_Bashkortostan	105.19
Jewish_Autonomous_Region	1.53		
Kabardino_Balkarian_Republic	1.49	Republic_of_Buryatia	17.03
		Republic_of_Crimea	7.78
		Republic_of_Daghestan	1.33
Kaliningrad_Region	11.28	Republic_of_Ingushetia	0.14
Kaluga_Region	7.30	Republic_of_Kalmykia	0.43
Kamchatka_Territory	5.07	Republic_of_Mari_El	4.47
Karachayevo_Chircassian_Repu	2.83	Republic_of_Mordovia	7.64
		Republic_of_North_Osse	1.35
Kemerovo_Region	111.62		
Khabarovsk_Territory	24.18	Republic_of_Tatarstan	76.04
Kirov_Region	5.38	Republic_of_Tuva	2.16
Komi_Republic	43.57	Republic_of_Karelia	6.86
Kostroma_Region	4.20	Republic_of_Khakassia	3.68
Krasnodar_Territory	41.24	Republic_of_Sakha	25.24
Krasnoyarsk_Territory	96.46	Rostov_Region	41.24
Kurgan_Region	4.06	Ryazan_Region	13.37
Kursk_Region	8.09	Sakhalin_Region	8.48
Leningrad_Region	50.45	Samara_Region	53.47
Lipetsk_Region	184.57	Saratov_Region	24.63
Magadan_Region	3.84	Sevastopol_city	1.23
Moscow_city	157.53	Smolensk_Region	9.05
Moscow_Region	63.50	Stavropol_Territory	28.63
Murmansk_Region	14.62	St_Petersburg_city	77.10

区 域 名 称	二氧化碳排放量/Mt	区 域 名 称	二氧化碳排放量/Mt
Sverdlovsk_Region	168.83	Ulyanovsk_Region	10.54
Tambov_Region	6.66	Vladimir_Region	8.52
Tomsk_Region	17.00	Volga_Federal_District	386.71
Trans_Baikal_Territory	17.62	Volgograd_Region	28.67
Tula_Region	56.06	Vologda_Region	111.01
Tver_Region	10.03	Voronezh_Region	17.44
Tyumen_Region	278.90	Yaroslavl_Region	24.12
Udmurtian_Republic	14.85		

（7）碳排放趋势

2005—2018 年，俄罗斯的化石能源二氧化碳排放呈现增长态势，从 1433.32 Mt 增至 2018 年的 1526.08 Mt，增加了 6.47%。

（8）与国际数据库对比

在统一核算口径下，即不包含生物质排放时，CEADs 核算的俄罗斯化石能源二氧化碳排放量总体低于 EDGAR 和 CDIAC 发布的数据，与 IEA 数据较为接近，总体上保持基本相同的增长趋势，两者的数值差距保持在 0.5%～3.7%。从使用的原始数据来看，CEADs 采用的数据来源是俄罗斯联邦统计局，具体的排放系数由自然资源和环境部（Ministry of Natural Resources and Environment，MNRE）提供，IEA 的能源平衡表数据来自 2006 年 IPCC 指南，因此原始数据存在一定差异，可能是导致核算的二氧化碳排放数据不同的原因。

本书汇总了俄罗斯 2005—2018 年的能源消费和二氧化碳排放量数据，如图 5-2 所示。

数据来源简述：本清单以政府间气候变化专门委员会（IPCC）的二氧化碳清单编制方法为基准，以 CEADs 统一格式、统一统计口径的排放清单为模板，依据俄罗斯统一部门间统计信息系统（the Unified Interdepartmental Statistical Information System，UISIS）的化石能源消费数据和俄罗斯自然资源与环境部（MNRE）2015 年发布的百余种能源品种排放因子，计算了俄罗斯化石能源消费相关碳排放。表 5.3 为俄罗斯二氧化碳排放核算的数据来源。

表 5.3 俄罗斯二氧化碳排放核算的数据来源

数 据 类 型	来 源	网 站
能源平衡表	俄罗斯统一行业间统计信息系统	https://fedstat.ru/indicator
排放因子	俄罗斯统一行业间统计信息系统	https://fedstat.ru/indicator
行业匹配指标	俄罗斯统一行业间统计信息系统	https://fedstat.ru/indicator
国家到区域的降尺度指标	俄罗斯统一行业间统计信息系统	https://fedstat.ru/indicator

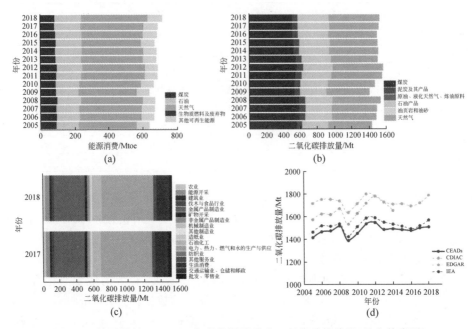

图 5-2　俄罗斯 2005—2018 年的能源消费和二氧化碳排放量(见文前彩图)

(a)一次能源消费结构;(b)化石能源碳排放量;(c)分行业化石能源消费碳排放量;(d)与国际数据库对比(由于数据可得性等问题,分行业化石能源消费碳排放只提供 2017 年和 2018 年数据)

5.3　爱沙尼亚

(1)国家背景

爱沙尼亚是北欧国家,西临波罗的海,北临芬兰湾,南部和东部分别与拉脱维亚和俄罗斯接壤。自 2017 年行政改革以来,共有 79 个地方政府,其中包括 15 个镇和 64 个农村直辖市。截至 2021 年 1 月 1 日,爱沙尼亚的总人口约为 133 万。爱沙尼亚是一个相对发达和富裕的国家,特别是自 2004 年加入欧盟以来,经济更是高速发展,被称为"波罗的海之虎",世界银行也将其列入高收入国家。2020 年,其 GDP(现价)达到 304.68 亿美元,人均 GDP(现价)高达 2.3 万美元[97]。

从产业结构来看,爱沙尼亚服务业发达。2020 年爱沙尼亚的农业、工业和服务业占 GDP 的比例分别为 14.27%、21.88% 和 63.85%。全国近 60% 的劳动力集中在服务业,特别是旅游业、金融服务、信息服务等。爱沙尼亚化石资源和非金属矿产丰富,拥有大量油页岩和石灰石矿床。此外,爱沙尼亚拥有丰富的森林资源,其森林资源覆盖领土面积的 48%。在国际贸易方面,爱沙尼亚的主要出口国为芬兰、瑞典、拉脱维亚等,主要出口产品为电气设备、木材及木制品、矿产品、农产品和机械器具；主要进口国为芬兰、德国、立陶宛，进口商品为电气设备、运输设备、农产品、矿产品、机械器具等。

爱沙尼亚拥有丰富的风能、太阳能和水能资源，长期鼓励发展可再生能源，给予利用可再生能源的企业以国家补贴。2020年，可再生能源发电量为2229 GW·h，同比增长15%，占全国电力总产量的46.4%[100-101]。此外，爱沙尼亚制定了2030年可再生能源在最终能源消费总量和发电量中所占份额高达50%的目标[102]。根据《联合国气候变化框架公约》，爱沙尼亚做出的国家自主贡献（INDC）是到2030年，国内温室气体排放量相比于1990年至少减少40%[103]。

（2）一次能源消费结构

爱沙尼亚的化石能源消费占一次能源结构的比例超过80%，以石油产品为主。2018年，煤炭消费占比0.72%，石油产品消费占比74.11%，天然气消费占比6.43%。此外，风能、太阳能及其他可再生能源占一次能源消费的0.91%，生物质占一次能源消费比例达17.83%。

（3）化石能源碳排放特征

在化石能源消费所产生的二氧化碳排放中，爱沙尼亚油页岩消费产生的二氧化碳排放占据主导地位。2018年，油页岩消费产生二氧化碳排放量9.68 Mt，占化石能源碳排放量的68.21%。其次为石油产品消费产生的二氧化碳排放，从2011年开始，呈现出上升趋势，从2011年的2.77 Mt增长至2018年的3.19 Mt，2018年占化石能源碳排放量的22.51%。

（4）分行业化石能源消费碳排放贡献

爱沙尼亚的化石能源消费产生的二氧化碳排放主要来自电力、热力、燃气和水的生产与供应行业以及交通运输业、仓储和邮政。电力、热力、燃气和水的生产与供应行业是爱沙尼亚最大的化石能源二氧化碳排放行业，2018年其化石能源二氧化碳排放量为10.52 Mt，占化石能源碳排放量总量的74.09%。交通运输业、仓储和邮政是爱沙尼亚的第二大化石能源碳排放行业，2018年碳排放量为1.8 Mt，占化石能源碳排放总量的12.67%。

（5）区域间排放异质性

爱沙尼亚的行政单位为县，全国共分为哈留、希尤、东维鲁、约格瓦、耶尔瓦、莱内、西维鲁、珀尔瓦、派尔努等15个县。其中，爱沙尼亚化石能源碳排放量最高的县为耶尔瓦县，2018年的化石能源碳排放量为9.58 Mt，占该国化石能源碳排放量的68.21%。此外，哈留县是爱沙尼亚首都塔林的所在地，2018年的化石能源碳排放量为1.41 Mt，占该国化石能源碳排放量的10.05%。爱沙尼亚2018年分区域碳排放量如表5.4所示。

（6）生物质碳排放特征

2018年，爱沙尼亚的生物质能约占一次能源消费结构的29.42%，主要用于电力、热力、燃气和水的生产与供应行业。生物质种类主要包括使用森林生物量和残留物、农业生物量以及城市垃圾产生的生物量[104]。由于爱沙尼亚生物质来源主要为可持续再生资源,全生命周期具有"零碳"属性,在整体二氧化碳核算过程中,不应计入总体碳排放。

表 5.4　爱沙尼亚 2018 年分区域碳排放量

区 域 名 称	二氧化碳排放量/Mt	区 域 名 称	二氧化碳排放量/Mt
Harju county	2.46	Pärnu county	0.31
Tallinn	1.69	Rapla county	0.15
Hiiu county	0.03	Saare county	0.12
Ida-Viru county	9.82	Tartu county	0.65
Jõgeva county	0.14	Tartu city	0.42
Järva county	0.11	Valga county	0.12
Lääne county	0.09	Viljandi county	0.17
Lääne-Viru county	1.08	Võru county	0.14
Põlva county	0.09		

（7）碳排放趋势

爱沙尼亚的化石能源二氧化碳排放呈现上升的趋势。2005—2018 年,化石能源消费所产生的二氧化碳排放量增加了 3.63%,从 2005 年的 13.7 Mt 增长到 2018 年的 14.19 Mt。

（8）与国际数据库对比

在统一核算口径下,即不包含生物质排放时,2005—2012 年,CEADs 核算的爱沙尼亚化石能源二氧化碳排放量与 CDIAC、EDGAR 和 IEA 的二氧化碳排放数据在趋势上具有一致性,但 CEADs 的二氧化碳排放数值低于 CDIAC、EDGAR 和 IEA 的数据。主要差异在于 CEADs 核算二氧化碳排放时,使用的排放因子取自爱沙尼亚统计局,要比其他机构碳核算中使用 IPCC 的排放因子数值小一些。2012—2018 年,CEADs 核算的化石能源二氧化碳排放量与 EDGAR 的二氧化碳排放数据在趋势上也保持较高的一致性,在 2013 年、2016 年、2017 年和 2018 年超过 IEA 核算的二氧化碳排放量。

本书汇总了爱沙尼亚 2005—2018 年的能源消费和二氧化碳排放量数据,如图 5-3 所示。

数据来源简述：其中,能源平衡表中的能源有 27 种能源品种和 19 个行业的统计,分区域指标主要来自区域 GDP,分行业指标来自行业工业产值,这些数据都是 2005—2017 年的。我们的数据主要来自爱沙尼亚国家统计局网站,IEA 的数据主要来自 Statistics Estonia,Tallinn。表 5.5 为爱沙尼亚二氧化碳排放核算的数据来源。

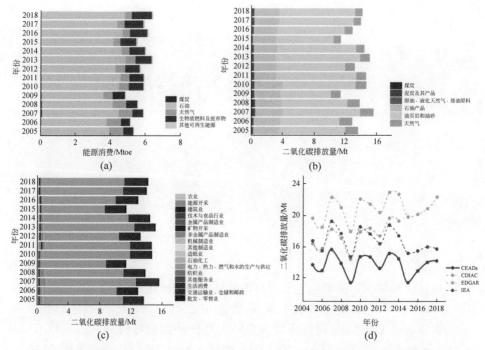

图 5-3 爱沙尼亚 2005—2018 年的能源消费和二氧化碳排放量（见文前彩图）

（a）一次能源消费结构；（b）化石能源碳排放量；（c）分行业化石能源消费碳排放量；

（d）与国际数据库对比

表 5.5 爱沙尼亚二氧化碳排放核算的数据来源

数据类型	来源	网站
能源平衡表	爱沙尼亚统计局	http://pub. stat. ee/px-web. 2001/I _ Databas/Economy/07Energy/02Energy _ consumption_ and _ production/01Annual_ statistics/01Annual_statistics. asp
排放因子	联合国气候变化框架公约（UNFCCC）	https：//unfccc. int/process/transparency-and-reporting/reporting-and-review-under-the-convention/greenhouse-gas-inventories-annex-i-parties/national-inventory-submissions-2018
行业匹配指标	爱沙尼亚统计局	http：//pub. stat. ee/px-web. 2001/I _ Databas/Economy/07Energy/02Energy _ consumption_ and _ production/01Annual_ statistics/01Annual_statistics. asp
国家到区域的降尺度指标	爱沙尼亚统计局	http：//pub. stat. ee/px-web. 2001/I _ Databas/Economy/07Energy/02Energy _ consumption_ and _ production/01Annual_ statistics/01Annual_statistics. asp

第6章

讨论与展望

6.1 数据质量控制与验证

为验证所编制化石能源碳排放清单的可靠性与准确性,我们将 CEADs 核算数据与美国橡树岭实验室二氧化碳信息研究中心(Carbon Dioxide Information Analysis Centre,CDIAC)、欧盟环境署全球大气排放数据库(Emissions Database for Global Atmospheric Resear,EDGAR)、国际能源署(IEA)的公开数据进行了比较。可以观察到,在统一核算口径下,即不包含生物质排放时,CEADs 核算的化石能源碳排放量总体上与 CDIAC、EDGAR 和 IEA 的化石能源碳排放数据接近(见图 6-1)。从这个角度分析,CEADs 数据与 CDIAC、EDGAR 和 IEA 公布的化石能源消费所产生的碳排放数据具有较高的准确性。

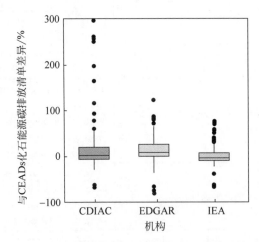

图 6-1　CEADs 化石能源碳排放清单与机构公布的数据之间的差异箱线图
图中展示机构间排放数据差异的最小值、上四分位数、中值、下四分位数和最大值,百分比是各机构与 CEADs 之间的相对差异

具体地,CEADs 核算的化石能源碳排放数据与 CDIAC、EDGAR 和 IEA 的数据仍然存在微小差异。虽然化石能源碳排放核算方法均遵循 IPCC 指南,但能源活动数据和排放因子数据来源的不同,使得核算结果仍有差异。以 IEA 与 CEADs 核算结果对比为例,CEADs 的数据来源通常为国家官方机构,从而保证数据来源的可获取性和公开性;而 IEA 从各国网站、出版物中以及"直接通信"方式收集国家数据,用户难以获得其原始数据并验证其稳健性。CDIAC 和 EDGAR 则依赖英国石油公司(BP)、国际能源署(IEA)和联合国(UN)等多个数据源,使得国际机构的源数据集与本书的原始数据之间存在差异。本书提供了用于排放核算的原始数据的特定国家/地区来源,研究人员可以访问数据源网站并实际检验,以评估本数据集的可靠性和稳健性。

6.2　新兴经济体的可持续转型

2015 年联合国可持续发展峰会上通过的 17 个可持续发展目标(Sustainable Development Goals,SDGs),旨在指导 2015—2030 年的全球可持续发展工作,即人的基本需求(people)、全球环境安全(planet)、经济持续繁荣(prosperity)、社会公正和谐(peace)、提升伙伴关系(partnership)。以往的研究探讨了可持续发展目标之间的协同作用,并努力寻找能够量化可持续发展目标的指标[105-106]。由二氧化碳排放所引起的气候变化已深刻影响到水资源、生物多样性、森林面积的数量和质量,同时也威胁到人类的福祉。为此,各国纷纷制定与可持续发展目标 13(气候行动)息息相关的低碳发展战略或净零碳目标。在实施低碳发展或净零碳目标的转型过程中,需关注如南非、印尼等能源结构明显高碳化的新兴经济体,逐渐使用可再生能源来替代化石燃料,以保持能源供应的可持续性。

新兴经济体的低碳发展和净零碳目标需与可持续发展目标保持协同,并可直接或间接地达成可持续发展目标(SDGs)。直接渠道主要为新兴经济体减少二氧化碳排放,可直接改善水资源、生物多样性等。间接途径则更为多样,如在净零碳导向下,新兴经济体调整和重构供应链,调整能源使用类型,实施绿色发展,进而促进新兴经济体的就业和脱贫。特别像乌拉圭、玻利维亚和厄瓜多尔等南美洲区域的新兴经济体,向可再生能源领域投资将会创造更多的就业机会,实现经济的快速发展,推动可持续发展目标 7(经济适用的清洁能源)和可持续发展目标 8(体面工作和经济增长)的进程[107-108]。此外,新兴经济体还面临着产业结构调整、脱贫等一系列的挑战,特别是在亚洲和非洲区域,这将使得二氧化碳排放量增加,并对缓解气候变化的国家自主贡献(INDCs)产生一定的干扰。同时,在经历了新冠肺炎疫情的冲击后,新兴经济体利用财政政策刺激消费水平,并改善基础设施,可能会导致二氧化碳排放量较快反弹。如果没有对应的减排政策,新兴经济体将继续成为全球碳排放激增的主要驱动力。

6.3　数据扩展应用与潜力

本书填补了 30 个新兴经济体二氧化碳排放的数据空白,提供了更详细、更可靠的碳排放核算体系。未来,新兴经济体二氧化碳排放清单的工作可以扩大国家、时间序列和排放源的覆盖范围,并与多个数据(如点源排放数据)交叉验证数据集,以提高准确性和稳健性。由于生物燃料燃烧释放的二氧化碳大约等于农作物残余物、木材等生物质生长过程中吸收的二氧化碳量,即碳元素在循环过程中不会增多不会减少,变化的只是碳元素的不同存在形式,可见生物质燃料对自然界碳循环的净影响为零,所以通常认为,生物质能是碳中性的。但存在着一定的时间滞后性,燃烧生物质所产生的排放若在核算时间周期内不能被吸收,最终还是可能造成碳排放量的增加,加剧全球变暖,影响气候变化[109-110],所以这也是一个机会成本的问题。此外,并不是所有的生物质均可被认定为碳中性,生物质能的使用尚存在较多的不确定性,已有越来越多的学者发现了不充分考虑生物质燃烧所产生排放的不足[111-112]。鉴于此,本书核算了生物质能燃烧所产生的排放数据,并针对每个新兴经济体的具体情况进行分析,研判其生物质燃烧排放是否应纳入国家或地区碳排放核算体系。

迄今为止,新兴排放国(不包括中国)的低碳发展研究仍然缺乏。本书为学术界开展相关研究,更好地理解二氧化碳排放与社会经济发展的关系提供了基础数据和丰富信息。例如,可利用二氧化碳排放数据来分析排放模式和排放增长的驱动力,识别主要行业来源,并找出能源系统低碳转型的路径。

30 个新兴经济体中已有 18 个经济体提议在未来几十年内实现碳中和,因此地方排放数据可以支持各国制订明确的本国减排计划。本书为 20 个新兴经济体提供了区域级排放清单,支撑新兴经济体因地制宜地制定减排政策,如可以识别出某些州或省的排放量占主导地位的关键行业,并倡导不同地区的差异化减排目标。

中国碳核算数据库(CEADs)致力于为新兴经济体的碳排放清单建立统一、透明、科学的核算体系,提供全透明、全公开、全免费的数据,读者可自行选择运用数据开展学术或政策研究。CEADs 积极与新兴经济体的研究机构和学者开展合作,搭建国际新兴经济体碳核算平台进行数据众筹,进而填补新兴经济体的数据缺失,提升新兴经济体碳核算能力建设,推进友好合作与人才流动,欢迎关注本领域的研究学者的共同贡献。未来,CEADs 还将结合观测数据及其衍生数据,继续深化新兴经济体的数据验证工作,提升数据质量,实现新兴经济体碳排放核算数据的规模化与可持续性,助力新兴经济体气候变化政策的制定与实施。

参 考 文 献

[1] OLIVIER J G J,Peters J. A. H. W. Trends in global CO_2 and total greenhouse gas emissions: 2019 report[R]. The Hague: PBL Netherlands Environmental Assessment Agency, 2019: 33-60.

[2] GUAN D B,MENG J, REINER D M, et al. Structural decline in China's CO_2 emissions through transitions in industry and energy systems[J]. Nature Geoscience, 2018, 11(8): 551-555.

[3] LOONEY B. Energy Outlook 2020 edition[R]. London: BP p. l. c. ,2020: 32-42.

[4] BIROL F,COZZI L,GOULD T,BOUCKAERT S. World Energy Outlook 2020[R]. Paris: International Energy Agency,2020: 27-28.

[5] U. S. Energy Information Administration. International Energy Outlook 2019[R]. U. S. Washington,D. C. : Energy Information Administration,2019: 16-32.

[6] HOHNE N,ELZEN M, ROGELJ J, et al. Emissions: world has four times the work or one-third of the time[J]. Nature,2020,579(7797): 25-28.

[7] HU H, XIE N, FANG Debin, et al. The role of renewable energy consumption and commercial services trade in carbon dioxide reduction: Evidence from 25 developing countries[J]. Applied Energy,2018,211: 1229-1244.

[8] SARKODIE S A, STREZOV V. Effect of foreign direct investments,economic development and energy consumption on greenhouse gas emissions in developing countries[J]. Science of the Total Environment,2019,646: 862-871.

[9] WAWRZYNIAK D, DORYN W. Does the quality of institutions modify the economic growth-carbon dioxide emissions nexus? Evidence from a group of emerging and developing countries[J]. Economic Research-Ekonomska Istraživanja,2020,33(1): 124-144.

[10] World Bank. World Development Indicators—Cambodia(Population)[EB/OL]. [2021-09-30]. https://data. worldbank. org/indicator/SP. POP. TOTL? locations=KH.

[11] World Bank. World Development Indicators—Cambodia(GDP)[EB/OL]. [2021-09-30]. https://data. worldbank. org/indicator/NY. GDP. MKTP. CD? locations=KH.

[12] The Observatory of Economic Complexity. Cambodia(KHM)Exports,Imports,and Trade Partners. Cambridge[EB/OL]. [2021-09-30]. Massachusetts: Oec. world,2018. https:// oec. world/en/profile/country/khm # trade-products.

[13] POCH K. Renewable energy development in Cambodia: status,prospects and policies[R]. Jakarta: Economic Research Institute for ASEAN and East Asia,2013.

[14] HUN S. Cambodia Climate Change Strategic Plan 2014—2023[R]. Phnom Penh: National Climate Change Committee,2013.

[15] Kingdom of Cambodia. Cambodia's Intended Nationally Determined Contribution[R]. Phnom Penh: United Nations Framework Convention on Climate Change,2019.

[16] Lao statistics Bureau Cooperation with the Statistics Korea[R]. Laos Statistical Information

Service[EB/OL]. [2021-09-27]. https://laosis. lsb. gov. la/tblInfo/TblInfoList. do.

[17] World Bank. World Development Indicators-Laos[EB/OL]. [2021-09-30]. https://data. worldbank. org/indicator/NY. GDP. MKTP. CD?locations=KH.

[18] Lao PDR Ministry of Mines and Energy. Energy Demand and Supply of the Lao People's Democratic Republic 2010-2018 [R]. Vientiane: Lao PDR Ministry of Mines and Energy,2020.

[19] United Nations Development Programme. Climate action | UNDP in Lao PDR[EB/OL]. [2021-09-30]. https://www. la. undp. org/content/lao _ pdr/en/home/sustainable-development-goals/goal-13-climate-action. html.

[20] World Bank. World Development Indicators—Myanmar[EB/OL]. [2021-08-15]. https://data. worldbank. org/country/myanmar.

[21] The Observatory of Economic Complexity. Myanmar Exports, Imports, and Trade Partners[EB/OL]. [2021-09-30]. https://oec. world/en/profile/country/mmr.

[22] Norton Rose Fulbright. Renewable energy snapshot: Myanmar[EB/OL]. [2021-09-10]. https://www. nortonrosefulbright. com/en/knowledge/publications/d63c2e71/renewable-energy-snapshot-myanmar.

[23] Myanmar National Climate Change Policy. Strategy & Action Plan(NCCP and MCCSAP 2017-2030). [EB/OL]. [2021-09-30]. http://myanmarccalliance. org/en/mccsap/.

[24] United Nations Framework Convention on Climate Change. INDCs as communicated by Parties—Myanmar[EB/OL]. [2021-09-12]. https://www4. unfccc. int/sites/submissions/INDC/Published%20Documents/Myanmar/1/Myanmar's%20INDC. pdf.

[25] The University of Melbourne. Myanmar INDC Factsheet [EB/OL]. [2021-09-30]. https://www. climatecollege. unimelb. edu. au/indc-factsheets/myanmar.

[26] TUN M M,JUCHELKOVA D. Biomass sources and energy potential for energy sector in Myanmar: An outlook[J]. Resources,2019,8(2): 102.

[27] World Bank. GDP(current US$)-India[EB/OL]. [2021-09-30]. https://data. worldbank. org/indicator/NY. GDP. MKTP. CD?locations=IN.

[28] 中华人民共和国商务部. 2019 年度印度进出口情况报告[R]. 北京: 中华人民共和国商务部,2020.

[29] The Republic of India. India's Intended Nationally Determined Contribution: Working Towards Climate Justice[R]. United Nations Framework Convention on Climate Change, 2015: 7-18.

[30] Goldenberg S. Indonesia to cut carbon emissions by 29% by 2030[EB/OL]. (2015-09-21) [2021-09-30]. https://www. theguardian. com/environment/2015/sep/21/indonesia-promises-to-cut-carbon-emissions-by-29-by-2030.

[31] Energy Tracker ASIA. The growth of renewable energy in Indonesia-current state, opportunities and challenges[R/OL]. (2021-01-29)[2021-05-30]. https://energytracker. asia/renewable-energy-in-indonesia/.

[32] Zayed Al-Hamamre, Motasem Saidan, Muhanned Hararah, et al. Wastes and biomass materials as sustainable-renewable energy resources for Jordan[J]. Renewable Sustainable Energy Reviews,2017(67): 295-314.

[33] IINS. Internationa Institute For Non-Aligned Studies[R/OL]. (2020-12-14)[2021-05-30].

https://iins. org/jordan-2020-2030-energy-strategy/.

[34] VVAROL M,ATIMTAY A T. Combustion of olive cake and coal in a bubbling fluidized bed with secondary air injection[J]. Fuel,2007,86(10-11): 1430-1438.

[35] Demirbaş A. Mechanisms of liquefaction and pyrolysis reactions of biomass[J]. Energy conversion management,2000,41(6): 633-646.

[36] FRIED L,SHUKLA S,SAWYER S,et al. Global wind outlook 2016[R/OL]. (2016-10-18)[2021-05-30]. https://opus. lib. uts. edu. au/handle/10453/55906.

[37] BAATARBILEG A,DUGARJAV B,LEE G M. Analysis of the wind power generation in Mongolian central power system[C]. Al Ain: 2018 5th International Conference on Renewable Energy: Generation and Applications(ICREGA),2018: 6-10.

[38] VOLODYA E,YEO M J,KIM Y P. Trends of Ecological Footprints and Policy Direction for Sustainable Development in Mongolia: A Case Study[J]. Sustainability, 2018, 10(11): 4026.

[39] World Bank. World Development Indicators——Thailand(Population)[EB/OL]. [2021-09-30]. https://data. worldbank. org/indicator/SP. POP. GROW? end = 2019&locations = TH&start=2009.

[40] World Bank. World Development Indicators——Thailand(GDP)[EB/OL]. [2021-09-30]. https://data. worldbank. org/indicator/NY. GDP. MKTP. CD?locations=TH.

[41] Thailand national statistical office. Statistical Yearbook Thailand 2020[R/OL]. [2021-09-30]. http://service. nso. go. th/nso/nsopublish/pubs/e-book/SYB-2563/files/assets/basic-html/index. html#16.

[42] The Observatory of Economic Complexity. Thailand Exports,Imports,and Trade Partners [R/OL]. [2021-05-30]. https://oec. world/en/profile/country/tha.

[43] United Nations Framework Convention on Climate Change. INDCs as communicated by Parties—Thailand[EB/OL]. [2021-07-20]. https://www4. unfccc. int/sites/submissions/INDC/Published%20Documents/Thailand/1/Thailand_INDC. pdf.

[44] International Trade Administration. Thailand-Renewable Energy[R/OL]. [2021-05-30]. https://www. trade. gov/energy-resource-guide-thailand-renewable-energy.

[45] Presidency of the Republic of Turkey. The Eleventh Development Plan(2019—2023)in Turkey[R]. Ankara: Presidency of the Republic of Turkey,2019: 57-136.

[46] Anadolu Agency. Turkey looks to raise share of renewables to two-thirds by 2023[R/OL]. (2019-06-17)[2021-05-30]. https://www. dailysabah. com/energy/2019/06/17/turkey-looks-to-raise-share-of-renewables-to-two-thirds-by-2023.

[47] Anadolu Agency. Turkey expects up to 21% drop in emissions until 2030[R/OL]. (2021-04-23)[2021-05-30]. https://www. aa. com. tr/en/energy/regulation-renewable/turkey-expects-up-to-21-drop-in-emissions-until-2030/32513.

[48] TOKLU E. Biomass energy potential and utilization in Turkey[J]. Renewable Energy, 2017(107): 235-244.

[49] Oxford Business Group. The Report: Djibouti 2018[R]. Oxford: Oxford Business Group,2018.

[50] The Observatory of Economic Complexity. Ethiopia(ETH)Exports,Imports,and Trade Partners[R/OL]. [2021-05-30]. https://oec. world/en/profile/country/eth.

[51] ASEFA K,GIORGIS A W,TAREKEGN D,et al. Climate Change National Adaptation

Program of Action (NAPA) of Ethiopia[M]. Addis Ababa: National Meteorological Agency,2007.

[52] Ministry of Environment and Forest. Intended Nationally Determined Contribution(INDC) of the Federal Democratic Republic of Ethiopia[R/OL]. [2021-05-30]. https://www4. unfccc. int/sites/ndcstaging/PublishedDocuments/Ethiopia%20First/INDC-Ethiopia-100615. pdf.

[53] International Energy Agency. Ethiopia Energy Outlook-Analysis[R/OL]. (2019-11-08) [2021-05-30]. https://www. iea. org/articles/ethiopia-energy-outlook.

[54] Ethiopian Energy Authority. Energy Efficiency Strategy for Industries, Buildings and Appliances[R/OL]. (2019-01-14)[2021-05-30]. http://eea. gov. et/media/attachments/ DRAFT%20STRATEGY%20AND%20PROGRAM/Energy%20efficiency%20and% 20conservation/Energy%20Efficiency%20Strategy%20for%20Buildings%20Industry% 20and%20Appliances. pdf.

[55] Zerebruk Wolde. The Effect of Renewable, Non-Renewable and Biomass Energy Consumption and Economic Growth on CO_2 Emission in Ethiopia[M]. München: GRIN Verlag,2020.

[56] OKELLO C,PINDOZZI S,AUGNO S,et al. Development of bioenergy technologies in Uga nda: A review of progress[J]. Renewable Sustainable Energy Reviews,2013(18): 55-63.

[57] Uganda Bureau of Statistics. Population Projections By District,2015 to 2021[R/OL]. (2020-05-01)[2021-05-30]. https://www. ubos. org/explore-statistics/20/.

[58] Uganda Bureau of Statistics. Annual GDP Tables CY 2020[EB/OL]. (2021-07-27)[2021- 08-30]. https://www. ubos. org/explore-statistics/9/.

[59] ACOSTA M,WESSEL V M,BOMMEL V S,et al. The power of narratives: Explaining inaction on gender mainstreaming in Uganda's climate change policy[J]. Development Policy Review,2020,38(5): 555-574.

[60] PEDERSEN B M. Deconstructing the concept of renewable energy-based mini-grids for rural electrification in East Africa[J]. Wiley Interdisciplinary Reviews: Energy Environment, 2016,5(5),570-587.

[61] ROBIN. Cocoa in Ivory Coast and Ghana 2017-African Business[EB/OL]. [2021-05-30]. https://www. africanbusinessexchange. com/cocoa-in-ivory-coast-and-ghana-2017/.

[62] ODURO A M,GYAMFI S,SARKODIE A S,et al. Evaluating the Success of Renewable Energy and Energy Efficiency Policies in Ghana: Matching the Policy Objectives against Policy Instruments and Outcomes[M]//QUBEISSL A M,EL-KHAROUF A,SOYHAN S H. Renewable Energy-Resources,Challenges and Applications. London: IntechOpen,2020.

[63] Energy & Petroleum Regulatory Authority. Power generation and transmission master plan,Kenya long term plan 2015—2035 Voll-main report[EB/OL]. (2018-10-24)[2021- 05-30]. https://www. epra. go. ke/download/power-generation-and-transmission-master- plan-kenya-long-term-plan-2015-2035-vol-i-main-report/.

[64] National Institute of Statistics of Bolivia. Population and Economic statistic[EB/OL]. [2021-07-11]. https://www. ine. gob. bo/index. php/censos-y-banco-de-datos/censos/. https://www. ine. gob. bo/index. php/censos-y-banco-de-datos/censos/.

[65] World Bank. World Bank Open Data[EB/OL]. [2021-05-30]. https://data. worldbank. org. cn/indicator/SI. POV. NAHC?locations=GT.

[66] World Bank. Services,value added(% of GDP)-Jamaica[EB/OL]. [2021-05-30]. https://data. worldbank. org/indicator/NV. SRV. TOTL. ZS?locations=JM.

[67] MORATÓ T, VAEZI M, KUMAR A. Techno-economic assessment of biomass combustion technologies to generate electricity in South America：A case study for Bolivia [J]. Renewable Sustainable Energy Reviews,2020,134：110154.

[68] Energypedia. Bolivia Energy Situation[EB/OL]. (2020-09-11)[2021-05-30]. https://energypedia. info/wiki/Bolivia_Energy_Situation.

[69] The Borgen Project. 8 Facts About Poverty in Guatemala and Ways To Get Involved[EB/OL]. (2018-08-17)[2021-05-30]. https://borgenproject. org/tag/income-inequality-in-guatemala/.

[70] Statistical Institute of Jamaica. Population Statistics[EB/OL]. [2021-05-30]. https://statinja. gov. jm/Demo_ SocialStats/PopulationStats. aspx♯.

[71] International Energy Agency. World energy balances 2020：Overview[EB/OL]. [2021-05-30]. https://www. iea. org/reports/world-energy-balances-overview.

[72] IRIARTE A,ALMEIDA G M, VILLALOBOS P. Carbon footprint of premium quality export bananas：case study in Ecuador,the world's largest exporter[J]. Science of The Total Environment,2014,472：1082-1088.

[73] SAMANIEGO P M,PEREZ M G,CORTEZ L, et al. Energy sector in Ecuador：Current status[J]. Energy Policy,2007,35(8)：4177-4189.

[74] International Monetary Fund. World Economic Outlook Database——Paraguay[EB/OL]. [2021-05-30]. https://www. imf. org/en/Publications/SPROLLs/world-economic-outlook-databases♯sort=%40imfdate%20descending.

[75] Statista. Share of value added by the agricultural sector to the gross domestic product (GDP)in Paraguay from 2010 to 2018[EB/OL]. [2021-05-30]. https://www. statista. com/statistics/1078930/paraguay-agriculture-share-gdp//.

[76] Energy Information Administration. Country analysis brief：Paraguay/Uruguay[EB/OL]. [2021-05-30]. http://www. eia. doe. gov/emeu/cabs/Paraguay_Uruguay/Background. html.

[77] Statista. Colombia：Share of economic sectors in the gross domestic product(GDP)from 2010 to 2020 [EB/OL]. [2021-05-30]. https://www. statista. com/statistics/369032/share-of-economic-sectors-in-the-gdp-in-colombia/.

[78] IndexMundi. Colombia Economy Profile[EB/OL]. (2021-09-18)[2021-09-30]. https://www. indexmundi. com/colombia/economy_profile. html.

[79] RADOMES A A,ARANGO S. Renewable energy technology diffusion：an analysis of photovoltaic-system support schemes in Medellín,Colombia [J]. Journal of Cleaner Production,2015,92：152-161.

[80] Instituto Nacional of De Estadistica E Informatica. PERÙ Instituto Nacional de Estadística e Informática[EB/OL]. [2021-09-30]. https://www. inei. gob. pe/.

[81] 中华人民共和国商务部. 对外投资合作国别(地区)指南[EB/OL]. [2021-07-11]. http://www. mofcom. gov. cn/dl/gbdqzn/upload/bilu. pdf.

[82] Oxford business group. Peru targets investment in renewable energy[EB/OL]. [2021-09-30]. https://oxfordbusinessgroup. com/analysis/looking-sun-work-under-way-attract-capital-

renewable-energy.

[83] The World Bank. Industry(including construction), value added(% of GDP)-Brazil[EB/OL]. [2021-09-30]. https://data. worldbank. org/indicator/NV. IND. TOTL. ZS? locations=BR.

[84] Santander. Brazil: Ecomoic and Political Outline [EB/OL]. [2021-09-30]. https://santandertrade. com/en/portal/analyse-markets/brazil/economic-political-outline.

[85] Elis Cotosky. Brazil's President Has Committed the Country to Become Carbon Neutral by 2050[EB/OL]. (2021-07-3)[2021-09-30]. https://www. climatescorecard. org/2021/07/brazils-president-has-committed-the-country-to-become-carbon-neutral-by-2050/.

[86] MARDONES C, RIO D R. Correction of Chilean GDP for natural capital depreciation and environmental degradation caused by copper mining[J]. Resources Policy, 2019, 60: 143-152.

[87] SOLMINIHAC D H, GONZALES E L, CERDA R. Copper mining productivity: lessons from Chile[J]. Journal of Policy Modeling, 2018, 40(1), 182-193.

[88] ESCOBAR A R, Cristián Cortés, PINO A, et al. Solar energy resource assessment in Chile: Satellite estimation and ground station measurements[J]. Renewable Energy, 2014, 71, 324-332.

[89] Knoema. Argentina[EB/OL]. [2021-09-30]. https://knoema. com/atlas/Argentina.

[90] International Finance Corporation. A New Dawn: Argentina Taps Into Its Renewable Energy Potential[EB/OL]. [2021-09-30]. https://www. ifc. org/wps/wcm/connect/news _ext_content/ifc_external_corporate_site/news＋and＋events/news/argentina-taps-into-its-renewable-energy-potential.

[91] Climate Technology Center & Network of the Argentine Republic, United Nations Framework Convention on Climate Change. INDCs of the Argentine Republic[EB/OL]. [2021-08-22]. https://www. ctc-n. org/content/indc-argentina.

[92] International Monetary Fund. World Economic Outlook Database—Uruguay[EB/OL]. [2021-09-01]. https://www. imf. org/en/Publications/SPROLLs/world-economic-outlook-databases＃sort=％40imfdate％20descending.

[93] Knoema. Uruguay-Overall contribution of tourism to GDP-percentage share[EB/OL]. [2021-09-30]. https://knoema. com/atlas/Uruguay/topics/Tourism/Travel-and-Tourism-Total-Contribution-to-GDP/Contribution-of-travel-and-tourism-to-GDP-percent-of-GDP ＃: ～: text＝Uruguay％20-％20Contribution％20of％20travel％20and％20tourism％20to,％ 28％25％20of％20GDP％29％20for％20Uruguay％20was％2017. 4％20％25.

[94] Wikipedia. Demographics of Moldova[EB/OL]. [2021-09-05]. https://en. wikipedia. org/wiki/Demographics_of_Moldova＃cite_note-12.

[95] National Bureau of Statistics of the Republic of Moldova. Statistical databank "Statbank" [EB/OL]. [2021-09-30]. https://statistica. gov. md/pageview. php? 1 = en&idc = 407&nod=1&.

[96] International Energy Agency. Moldova energy profile[EB/OL]. [2021-09-30]. https://www. iea. org/reports/moldova-energy-profile.

[97] International Monetary Fund. World Economic Outlook Databases[EB/OL]. [2021-09-30]. https://www. imf. org/en/Publications/WEO/weo-database/2021/April.

[98] International Renewable Energy Agency. Renewable Energy Prospects for the Russian Federation[R]. Abu Dhabi: International Renewable Energy Agency, 2017.

[99] International Institute for Sustainable Development. Russian Federation's NDC Reiterates 30 Percent by 2030 Emission Reduction Goal. [EB/OL]. [2021-09-07]. https://sdg.iisd.org/news/russian-federations-ndc-reiterates-30-percent-by-2030-emission-reduction-goal/.

[100] 中华人民共和国商务部. 2020 年爱沙尼亚可再生能源发电量同比增长 15%[EB/OL]. (2021-01-26) [2021-09-30]. http://ee. mofcom. gov. cn/article/jmxw/202101/20210103034334. shtml.

[101] The Estonian Renewable Energy Association. Renewable energy in Estonia[EB/OL]. [2021-09-30]. http://www. taastuvenergeetika. ee/en/renewable-energy-estonia/#1482065136293-0ea9767f-f12b.

[102] International Energy Agency. Energy Policies of IEA Countries: Estonia 2019 Review [R]. Paris: IEA, 2019.

[103] Climate Energy College. Estonia[EB/OL]. [2021-09-30]. https://www. climatecollege. unimelb. edu. au/indc-factsheets/estonia.

[104] Tartu Regional Energy Agency. Biomass action plan of southern Estonia[EB/OL]. [2021-08-02]. https://www. trea. ee/pagas/Biomass% 20Action% 20Plan% 20of% 20Southern-Estonia_summary. pdf.

[105] Jari Lyytimäki. Seeking SDG indicators[J]. Nature Sustainability, 2019, 2(8): 646-646.

[106] GERALD G S, ODUBER M ANDRES M, et al. Aiding ocean development planning with SDG relationships in Small Island Developing States[J]. Nature Sustainability, 2021, 4(7): 573-574.

[107] GUERRIERO C, HAINES A, PAGANO M. Health and sustainability in post-pandemic economic policies[J]. Nature Sustainability, 2020, 3(7), 494-496.

[108] HEPBURN C, CALLAGHAN O B, STERN N, et al. Will COVID-19 fiscal recovery packages accelerate or retard progress on climate change? [J]. Oxford Review of Economic Policy, 2020, 36(S1): S359-S381.

[109] CHERUBINI F, PETERS P Gs, BERNTSEN T, et al. CO_2 emissions from biomass combustion for bioenergy: atmospheric decay and contribution to global warming[J]. Gcb Bioenergy, 2011, 3(5): 413-426.

[110] HUDIBURG T W, LAW E B, WIRTH C, et al. Regional carbon dioxide implications of forest bioenergy production[J]. Nature Climate Change, 2011, 1(8): 419-423.

[111] Pål Börjesson, Gustavsson l. Greenhouse gas balances in building construction: wood versus concrete from life-cycle and forest land-use perspectives[J]. Energy Policy, 2000, 28(9): 575-588.

[112] WITHEY P, JOHNSTON C, GUO J G. Quantifying the global warming potential of carbon dioxide emissions from bioenergy with carbon capture and storage[J]. Renewable and Sustainable Energy Reviews, 2019, 115: 109408.

附录A

二氧化碳排放核算

A.1 国家排放核算

根据政府间气候变化专门委员会(IPCC)指南(IPCC,2006),国家二氧化碳排放量可按照式(A-1)计算：

$$CE = \sum_{iJ} CE_{iJ} = \sum_{iJ} AD_{iJ} \cdot EF_{iJ} \tag{A-1}$$

其中,CE_{iJ} 是来自行业 J 的活动类型 i 的二氧化碳排放量(例如,与能源有关的排放核算,与生产过程有关的排放核算,等等)；AD 是活动数据(如能源消耗)；EF 是排放因子,可衡量单位活动所释放的二氧化碳排放量。

对基础统计数据暂时缺失的年份,或统计数据与前后年份相比有明显异常,但无可解释依据时,通过式(A-2)修正其排放量：

$$CE_{t1} = CE_{t0}(1 + agr)^{t1-t0} \tag{A-2}$$

其中,CE_{t1} 是修正年份的排放量；CE_{t0} 是参考年份的排放量；agr 是排放量的年均增长率。修正即假设碳排放增速不变,以参考年份的排放量推算修正年份的排放量。

A.2 行业排放核算

由于各国的统计口径不同,所核算的行业数目不一。因此,依据已建的 CEADs 数据库(https://ceads.net)来匹配行业,该数据库包括 47 个行业。根据上述国家的排放账户和行业匹配指标,相应的匹配到行业的二氧化碳排放量如下：

$$CE_{ij} = CE_{iJ} \cdot \frac{SI_{ij}}{SI_{iJ}} \tag{A-3}$$

其中,SI 代表行业统计指标,包括行业能源消耗、行业能源强度、行业增加值、行业产出等；J 指国家官方统计定义的行业；j 是 47 个行业列表中的匹配行业。

A.3 区域排放核算

一些国家有区域性的能源统计,有利于区域、省或州一级的能源相关的二氧化碳排放核算。对这些国家来说,因活动数据可以从地方统计中获得,因此核算方法与国家核算方法类似。然而,大多数发展中国家没有完整的区域统计资料,这些国家的区域行业排放核算需要额外的关键指标来对国家排放进行处理。降尺度处理方法可以描述为

$$CE_{ijr} = CE_{ijC} \cdot \frac{SIR_{ijr}}{SIR_{ijC}} \tag{A-4}$$

其中,CE_{ijr} 是指在地区 r 的行业 i 因活动 j 产生的二氧化碳排放量,SIR 代表区域和行业的匹配指标,$\frac{SIR_{ijr}}{SIR_{ijC}}$ 指区域 r 的能源或经济数据占全国 C 的比例。用于降尺度处理的指标可以是能源消耗、工业生产或其他能够近似反映一个地区碳排放量占全国排放量比例的数值。

附录B

数 据 来 源

B.1 能源平衡表

能源平衡表中包括详细的分能源类型、分行业的供应、加工转换和消费数据。二氧化碳排放数据根据能源消费转换,如电力和热力的生产以及工业、交通等最终消费计算得到。本书中使用的能源平衡表数据来自各国国家统计局和区域研究中心(详细数据来源已在各国分列中列出)。

B.2 排放因子

排放因子被定义为每单位(热值或实物量)能源消费所产生的排放量。本数据库优先采用国家公布的排放因子,对于未公布国家排放因子的国家,采用 IPCC 推荐的排放因子进行计算。详细的数据来源已列出。

B.3 行业匹配指标

由于每个国家的能源消费统计是在不同的行业组合中,本书以中国经济产业部门划分,将各国行业标准化为 47 个行业。使用行业匹配指标,将产生自原始行业的碳排放分配到 47 个行业中。行业匹配指标包括能源消耗数据、产出数据和销售数据等,这些数据在相近的行业(如黑色金属冶炼和有色金属冶炼来自同一初始行业——金属冶炼)之间具有可比性。行业匹配指标收集自国家统计局、经济报告、工业报告等。详细情况见各国数据来源说明。

B.4　国家到区域的降尺度指标

　　大多数国家已公布国家能源平衡表,但公布到区域、省或州一级的统计数据较少。我们尽可能地利用区域、省或州层面的能源消耗数据来计算排放量,而对于没有区域、省或州能源统计数据的国家,使用其他指标来将国家排放量降尺度到区域、省或州层面。降尺度指标从国家统计局或经济报告中收集,包括区域、省或州层面的分行业 GDP、产出、人口数据等,详细情况见各国数据来源说明。

清华大学出版社

官方微信号

ISBN 978-7-302-62647-3

9 787302 626473 >

定价: 59.00元